ゼロからはじめる

TikTok

ティックトック

基本&便利技

リンクアップ、三上麻依 著

三上麻依（まい貴方の右腕@migi.ude） 監修

技術評論社

CONTENTS

第4章 動画を編集・投稿しよう

CONTENTS

第5章 LIVE配信をしよう

第6章 動画をもっと見てもらう工夫をしよう

CONTENTS

ご注意：ご購入・ご利用の前に必ずお読みください

●本書に記載した内容は、情報の提供のみを目的としています。したがって、本書を用いた運用は、必ずお客様自身の責任と判断によって行ってください。これらの情報の運用の結果について、技術評論社および著者、アプリの開発者はいかなる責任も負いません。

●本書では、「TikTok」アプリでの操作手順を解説しています。「TikTok Lite」アプリの解説は行っていません。

●ソフトウェアに関する記述は、特に断りのない限り、2024年10月時点での最新バージョンをもとにしています。ソフトウェアはバージョンアップされる場合があり、本書での説明とは機能内容や画面図などが異なってしまうこともあり得ます。あらかじめご了承ください。

●本書は以下の環境で動作を確認しています。ご利用時には、一部内容が異なることがあります。あらかじめご了承ください。
スマートフォン：iPhone 13 mini／15（iOS 17.6.1）、
Google Pixel 7a（Android 14）
TikTokのバージョン：36.4
パソコンのOS：Windows 11

●インターネットの情報については、URLや画面などが変更されている可能性があります。ご注意ください。

以上の注意事項をご承諾いただいたうえで、本書をご利用願います。これらの注意事項をお読みいただかずに、お問い合わせいただいても、技術評論社は対処しかねます。あらかじめ、ご承知おきください。

■本書に掲載した会社名、プログラム名、システム名などは、米国およびその他の国における登録商標または商標です。本文中では、™、®マークは明記していません。

第1章

TikTokを始めよう

Section 01 TikTokってどんなことができるの?

「TikTok」は、再生時間の短い動画を共有して楽しめるSNSです。動画の撮影から投稿までをすべてスマートフォンで行うことができ、撮った動画をその場で公開できるのはもちろん、音楽やエフェクトといった編集機能も利用できます。

お気に入りの動画が見つかるSNS

2017年10月に日本でサービスが開始された「TikTok（ティックトック）」は、中国のByteDanceが開発した、15秒～10分の短い動画を楽しめるSNS（ソーシャルネットワークサービス）です。月間アクティブユーザー数は全世界で15億人を超えており（2023年時点）、これからも人気の拡大が期待されているサービスの1つです。TikTokの利用者のうち、約半数が10代～20代前半といわれていますが、最近では中高年層の利用者も増加しています。また、個人の動画投稿者だけではなく、企業もPR動画などの投稿に利用しており、広告手段としての活用にも期待されています。

TikTokの人気を支える特徴として、独自のアルゴリズムによって、ユーザーの興味や関心にあった動画を表示させる点が挙げられます。過去に視聴した動画や「いいね」を付けた動画などをもとに、TikTokがおすすめの動画を選出し、メイン画面である「レコメンド」タブに表示してくれるので、いつでも自分の興味・関心に合う動画を視聴できます。

「レコメンド」タブにはおすすめの動画が表示され、スワイプで動画を切り替えられます。

レコメンドされた動画をセーブして再視聴することもできます。

TikTokで主にできること

●動画の投稿

15秒～10分の動画を撮影・投稿できます。また、エフェクトやフィルターを使って動画をクリエイティブに加工できます。

●「いいね」やコメント

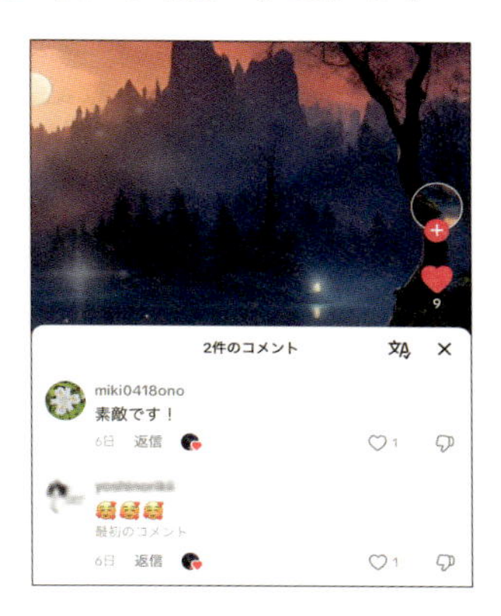

ワンタップで感動や共感を伝えられる「いいね」や、動画の感想を伝えられるコメントで、ほかのユーザーと交流ができます。

●ストーリーズ

投稿から24時間だけ写真や動画が表示される機能です。投稿は24時間で消えてしまいますが、24時間以内であれば、ほかのユーザーの「レコメンド」タブに表示されることもあります。

●LIVE配信

LIVE配信をして、ほかのユーザーとリアルタイムに交流することができます。

Section 02 TikTokを利用するために必要なもの

TikTokは、スマートフォンがあれば今すぐ始められます。ほかの道具は要りませんが、いくつかの準備が必要です。TikTokの公式アプリやアカウントを作るためのメールアドレスなど、用意するものを紹介します。

TikTokを始める前に用意するもの

スマートフォン

iPhoneやAndroidなど、「TikTok」アプリが対応しているスマートフォンを用意します。アプリのダウンロードやユーザー登録といった操作を行うので、メールの設定や「AppStore」アプリ（Androidでは、「Play ストア」アプリ）へのサインインを済ませておくとよいでしょう。

「TikTok」アプリ

TikTokの公式アプリです。スマートフォンがあっても、これがなければ始まりません。iPhoneなら「App Store」アプリ、Androidなら「Play ストア」アプリからインストールします。「TikTok」アプリは、動画の撮影から編集、投稿、閲覧までをこなすことができます。

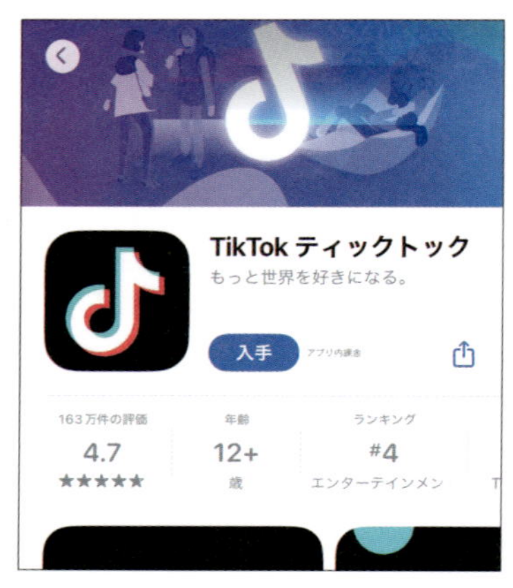

メールアドレスまたは電話番号、SNSアカウント

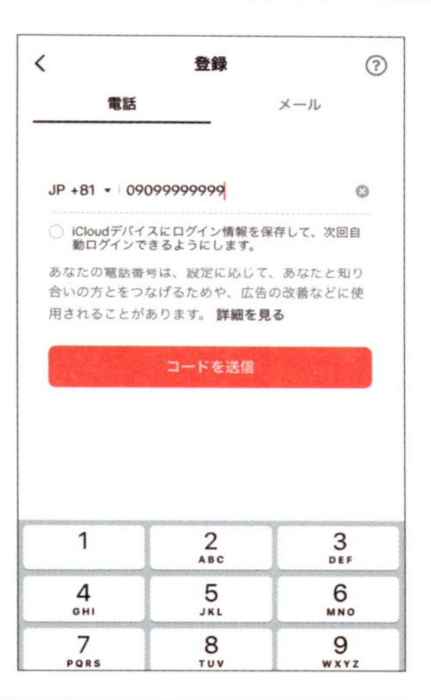

アカウント作成の際に個人を特定する情報として、メールアドレスまたは電話番号、ほかのSNSアカウントが必要です。Apple AccountやGoogleアカウントでのアカウント作成も可能です。

Memo 「TikTok Lite」アプリとは?

「TikTok Lite」アプリは、TikTokの公式アプリを運営しているByteDanceがリリースしたアプリです。「TikTok」アプリよりも少ないデータ容量で、早く快適に動画視聴を楽しむことに特化したアプリとなっています。
また、動画を視聴するだけで、電子マネーやギフトカードなどに交換できるポイントを獲得できる点も特徴の1つです。アプリアイコンやアプリ画面は「TikTok」アプリと似ていますが、アプリアイコンの左上に稲妻のマークがある点や利用できる機能が制限される点などが異なる別のアプリです。なお、本書では「TikTok Lite」アプリの操作方法の解説は行いません。

Section 03 スマートフォン用アプリをインストールしよう

TikTokを利用するには、アプリをストアからインストールする必要があります。あらかじめサインインしておくと、スムーズに操作できます。アプリアイコンが似ている「TikTok Lite」アプリ（P.11参照）をインストールしないよう注意しましょう。

iPhoneにアプリをインストールする

1. ホーム画面から「App Store」アプリを起動し、画面下部の［検索］をタップします。

2. 検索エリアに「TikTok」や「ティックトック」と入力し、［検索］（または［search］）をタップします。

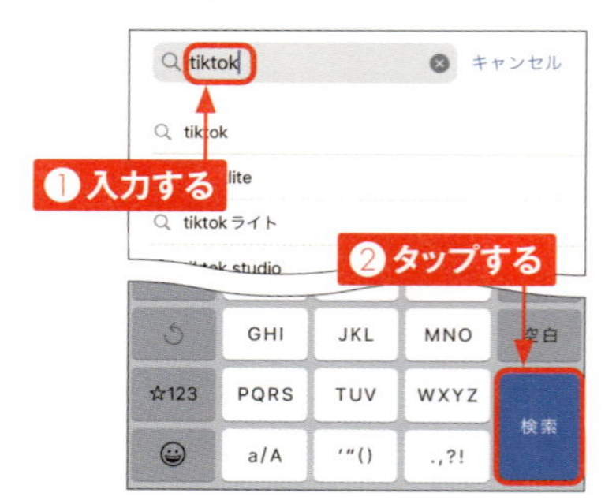

3. 検索結果に表示される「TikTok」アプリの［入手］をタップします。

4. ［インストール］をタップし、Apple Accountのパスワードを入力すると、インストールが開始されます。

Androidにアプリをインストールする

1 ホーム画面やアプリ一覧画面から「Play ストア」アプリを起動し、画面下部の［検索］をタップします。

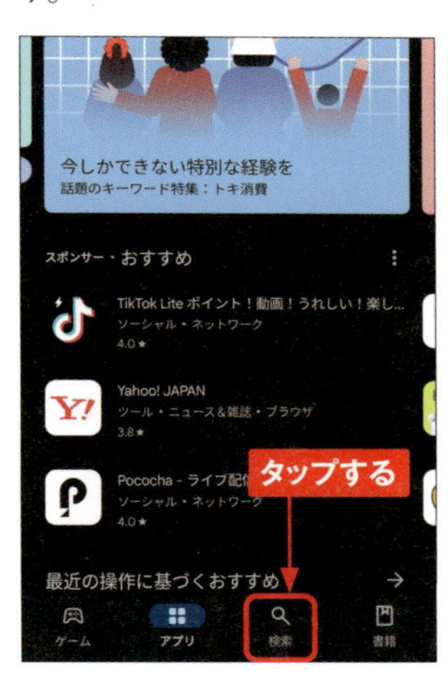

2 画面上部の検索エリアをタップします。

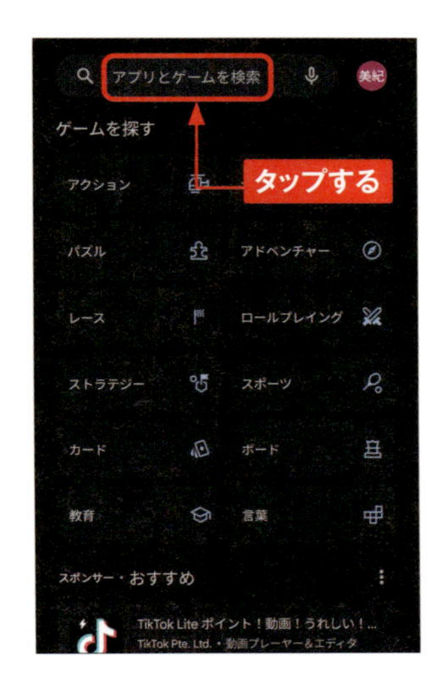

3 「TikTok」や「ティックトック」と入力し、🔍をタップします。

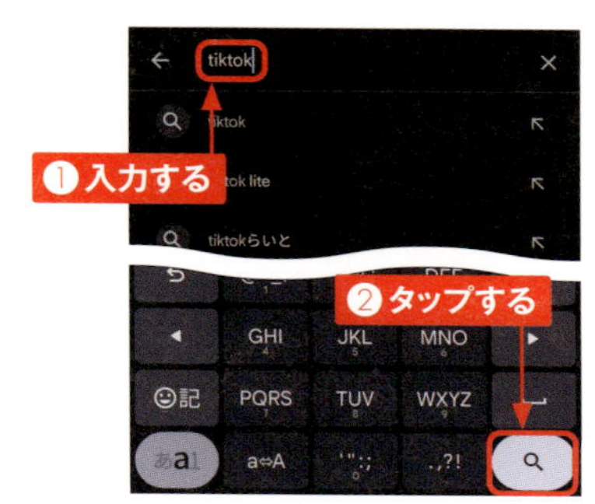

4 検索結果に表示される「TikTok」アプリの［インストール］をタップすると、インストールが開始されます。

Memo アプリの更新

アプリは、新しい機能の追加や不具合の修正などがあるとアップデートが配布されます。ときおり「App Store」アプリや「Play ストア」アプリをチェックして、最新の状態に更新しましょう。

Section 04

ログインせずに動画を視聴しよう

TikTokでは、アプリの初期設定を行うだけで、アカウントの登録やログインをしなくても、おすすめの動画を視聴することができます。最初は、初期設定で登録する興味のあるコンテンツをもとに、おすすめ動画が選定されます。

TikTokの初期設定をする

1 ホーム画面から「TikTok」アプリをタップして起動します。

2 ［同意して続ける］をタップします。

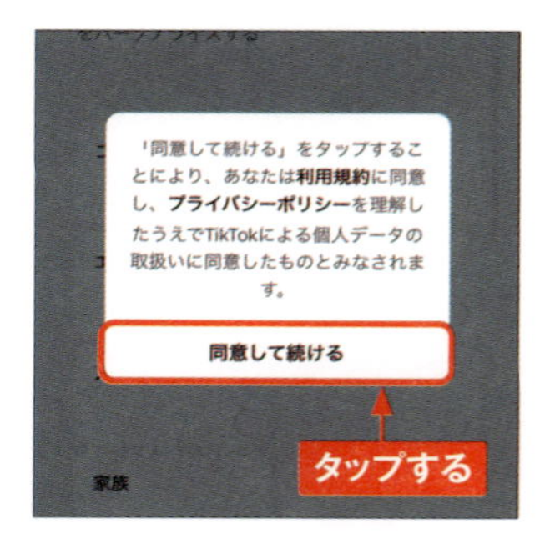

3 通知の許可画面が表示されるので、［許可］または［許可しない］をタップします。

4 興味のあるコンテンツをタップして選択し、［次へ］をタップします。

5 ［動画を見る］をタップします。

6 iPhoneの場合はトラッキングの許可画面が表示されるので、［許可］または［アプリにトラッキングしないように要求］をタップします。

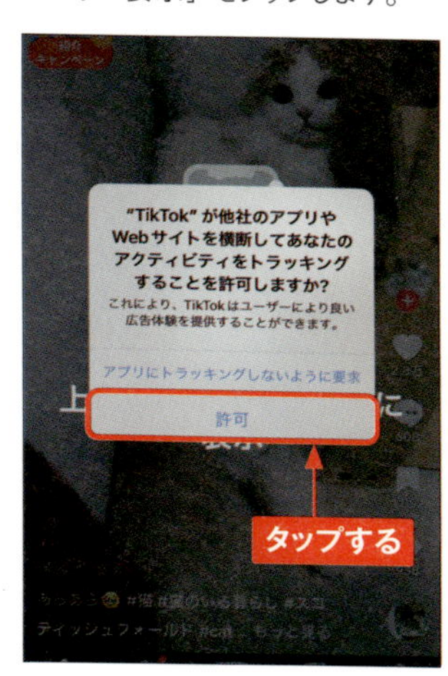

動画を視聴する

1 初回起動時は下のような説明が画面に表示されます。画面を上方向にスワイプします。

2 次のおすすめ動画が表示され、自動的に再生されます。

Section 05 アカウントを作成しよう

TikTokでアカウントを作成する方法はいくつかありますが、ここではメールアドレスを使ってアカウントを作成します。アカウントを作成しなくても動画の視聴はできますが、投稿や「いいね」などの機能の利用にはアカウントが必要です。

メールアドレスでアカウントを作成する

① 画面下部の［プロフィール］タブをタップします。

② ［登録］をタップします。

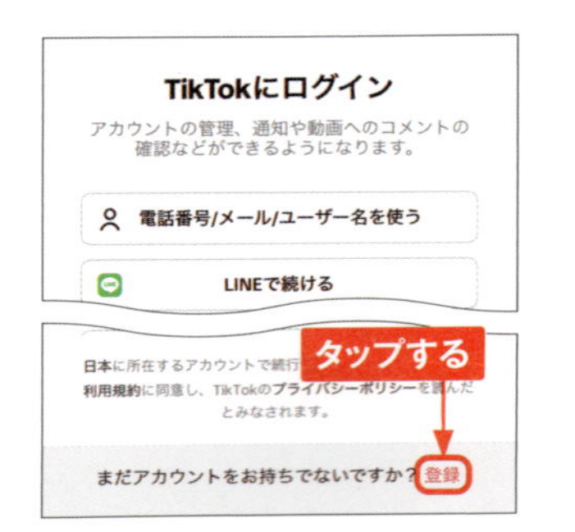

③ ［電話番号またはメールで登録］をタップします。

④ 生年月日を入力し、［次へ］をタップします（Androidでは、パスワードの設定のあとで生年月日を登録します）。

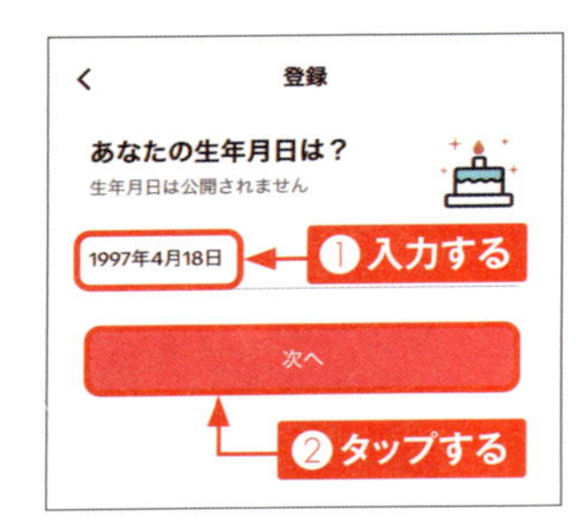

5 「メール」をタップします。

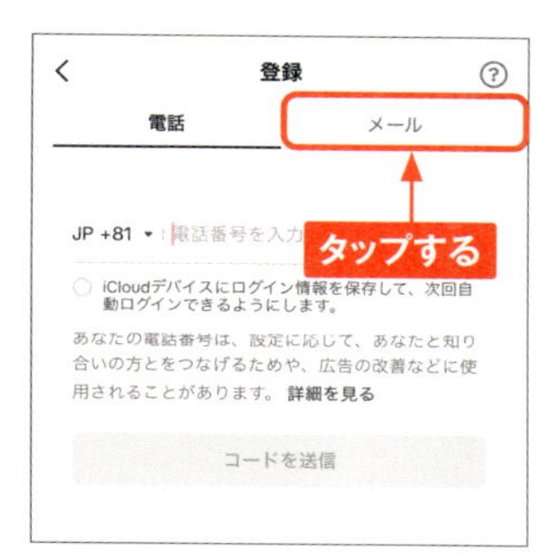

6 アカウントに使用するメールアドレスを入力し、[続ける]をタップします。

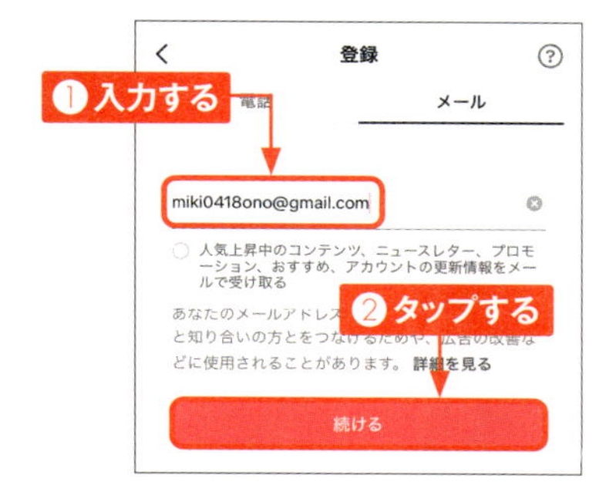

7 アカウントに設定するパスワードを入力し、[次へ]をタップします。

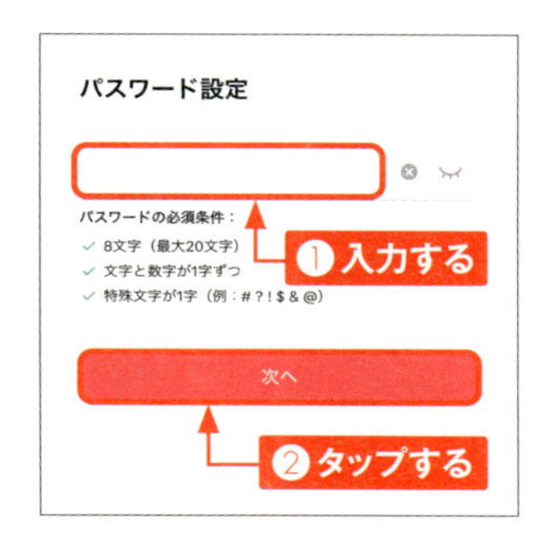

8 TikTokで利用するニックネームを入力し、[確認]をタップします。

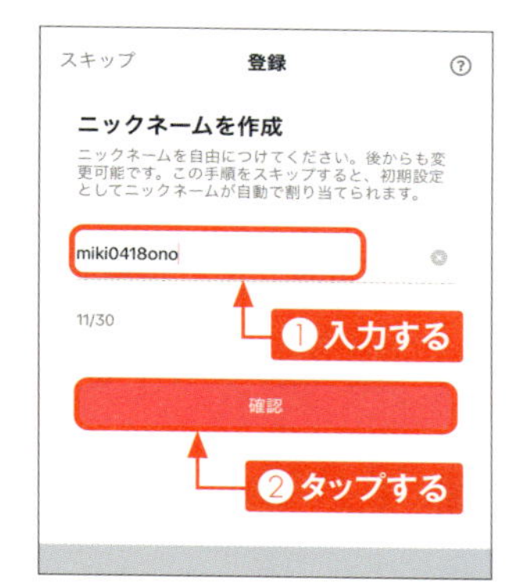

9 iPhoneでは、連絡先へのアクセスを求める許可画面が表示されます。ここでは、[許可しない]をタップします。

Memo そのほかのアカウント作成方法

TikTokでは、アカウントを作成する際に、電話番号やApple Account、Googleアカウント、LINEなどのSNSアカウントを利用することも可能です。

Section 06 プロフィールを設定しよう

「プロフィール」タブには、写真や名前、ユーザー名、自己紹介文などが表示され、ほかのユーザーに公開されます。ここでは、写真や自己紹介を設定する方法と、名前やユーザー名を変更する方法を紹介します。

写真を設定する

1 画面下部の［プロフィール］タブをタップし、［プロフィールを編集］をタップします。

2 ［写真を変更］またはその上の写真部分をタップします。

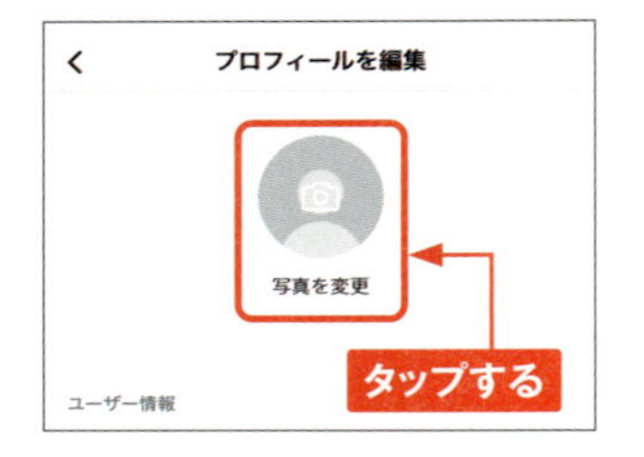

3 ［写真をアップロード］（Androidでは、［アルバムから選ぶ］）をタップします。

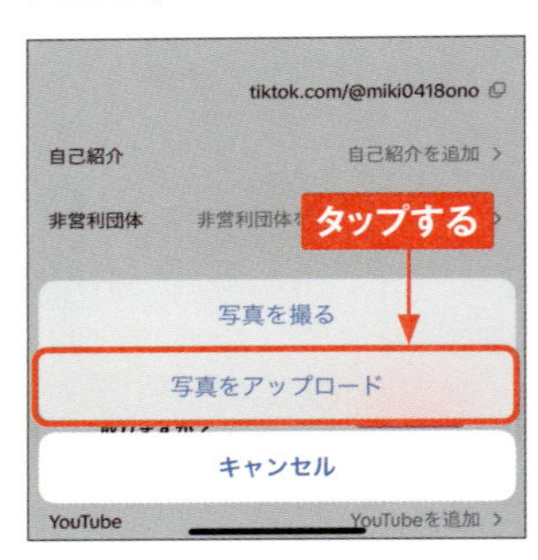

4 ［フルアクセスを許可］（Androidでは、［すべて許可］）をタップします。

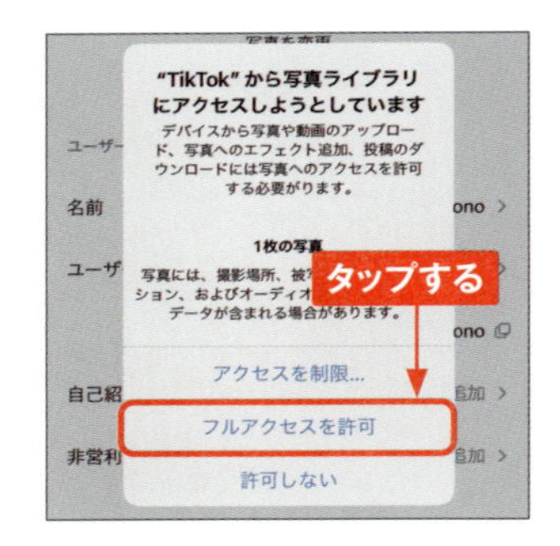

5 プロフィールに使いたい写真をタップします（Androidでは、写真右上の丸タップして、チェックを付け、画面右下の［確認］をタップします）。

6 2本指でピンチオープン（拡大）またはピンチクローズ（縮小）しながらプロフィールに使用したい部分を調整し、［保存］をタップします。

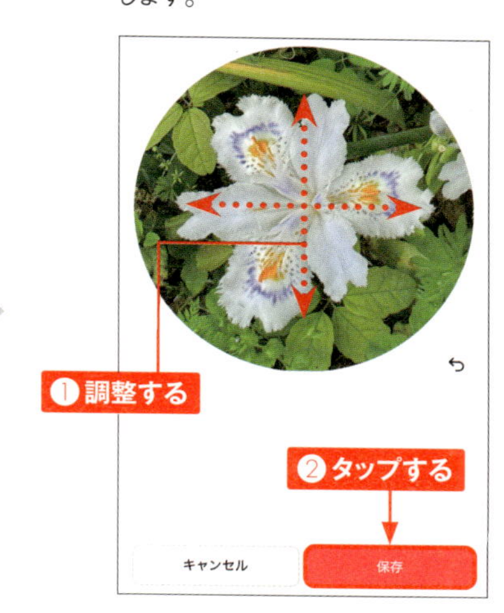

自己紹介を追加する

1 「プロフィールを編集」画面で［自己紹介を追加］をタップします。

2 自己紹介を入力し、［保存］をタップします。

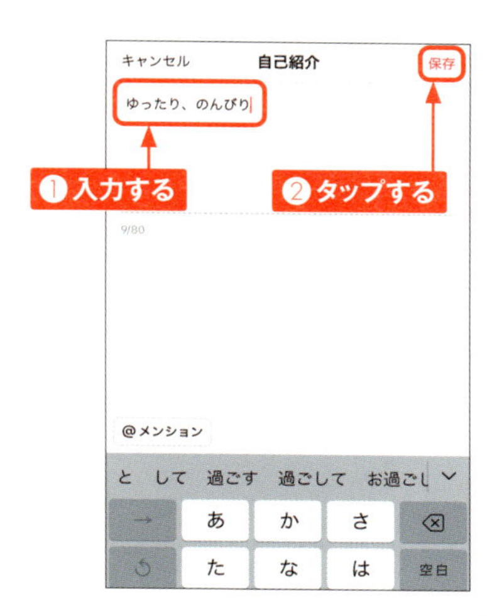

名前やユーザー名を変更する

① 「プロフィールを編集」画面で、名前またはユーザー名（ここでは、ユーザー名）をタップします。

② 新しいユーザー名を入力し、［保存］をタップします。

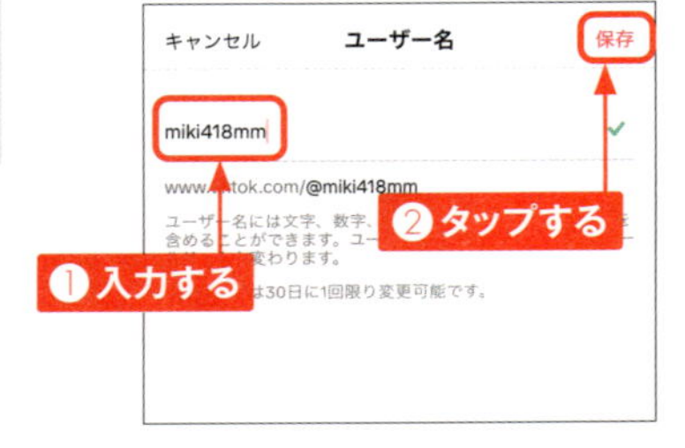

③ ［確認］をタップします。

④ ＜（Androidでは←）をタップします。

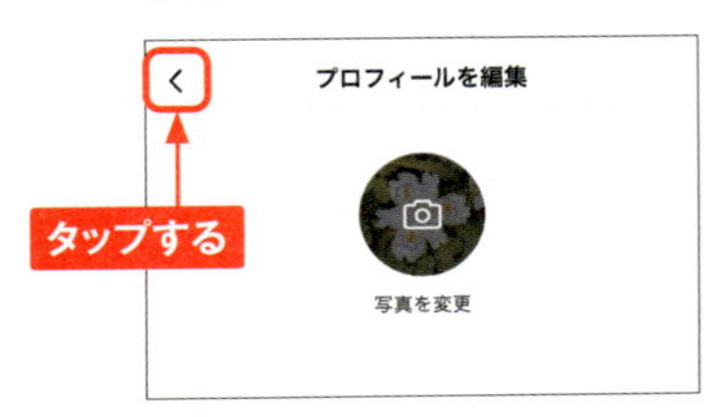

⑤ 変更後のプロフィールは、「プロフィール」タブから確認できます。

Memo　名前とユーザー名

TikTokの名前とは、P.17の手順⑧で設定したニックネームのことです。アカウント名として、ほかのユーザーに表示されます。一方、ユーザー名は、ほかのユーザーからのタグ付けや、検索で使用されます。なお、名前の変更とユーザー名の変更には、日数による変更制限があります。名前は7日に1回、ユーザー名は30日に1回変更が可能です。

第2章

動画を視聴しよう

Section 07

TikTokの画面を知ろう

TikTokを起動すると、動画を視聴する「レコメンド」タブが表示されます。そのほかには、「友達」「メッセージ」「プロフィール」の各タブと動画の投稿やLIVEができる画面が準備されています。

「レコメンド」タブの見方

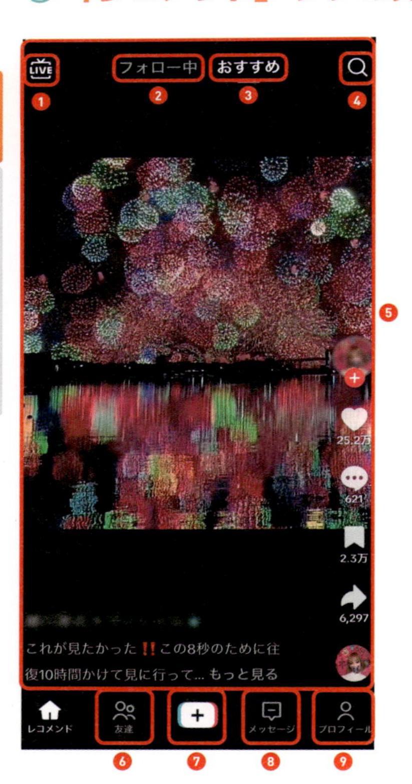

❶LIVE配信を視聴できます。

❷フォロー中のユーザーの投稿を視聴できます。

❸おすすめの投稿を視聴できます。

❹動画やユーザーの検索ができます。

❺動画や写真、LIVE配信などが表示される、「フィード」と呼ばれるエリアです。右側のアイコンからは、気に入った投稿に「いいね」を付けたり、コメントを残したりできます。

❻友達（相互フォロワー）の投稿が表示されます。「友達」タブではなく、「トレンド」タブが表示される場合もあります。「トレンド」タブでは、人気上昇中のハッシュタグが付いた投稿などを確認できます。

❼動画の撮影や投稿ができます。撮影した動画を編集したり、楽曲を追加したりといったこともここから行えます。また、TikTokが求める条件を満たすと、LIVE配信をこの画面から開始できます。

❽ほかのユーザーとメッセージ（ダイレクトメッセージ）の送受信ができます。また、TikTokからのメッセージも表示されます。

❾自分が設定したプロフィールと、投稿した動画のカバーが一覧表示されます。セーブした動画や「いいね」を付けた動画を一覧で見ることも可能です。

Section 08

動画を視聴しよう

「レコメンド」タブには、TikTokが独自のアルゴリズムで選定したおすすめ動画が視聴できる「おすすめ」フィードと、自分がフォロー（P.44参照）したユーザーの動画を視聴できる「フォロー中」フィードがあります。

おすすめ動画を視聴する

1 「TikTok」アプリを起動すると、「レコメンド」タブの「おすすめ」フィードが表示され、おすすめの動画が自動的に再生されます。

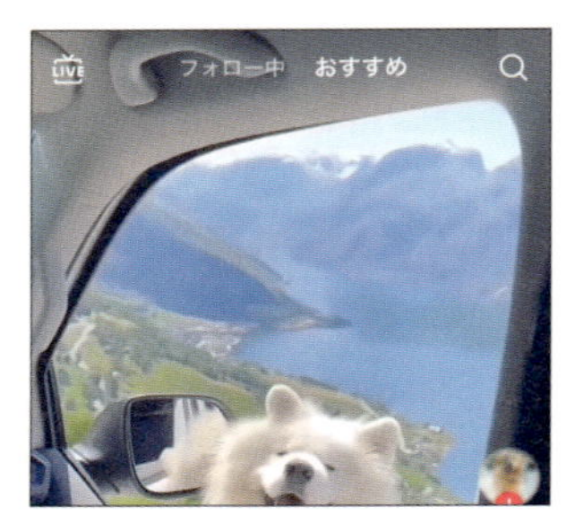

2 画面の中央付近をタップすると、動画が停止します。▶をタップすると再生されます。

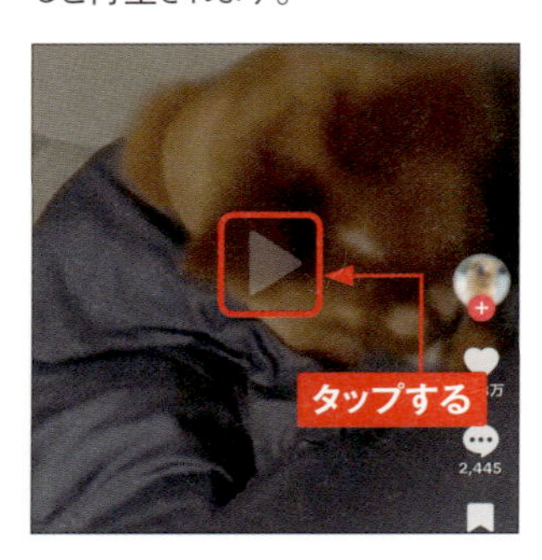

3 画面を上方向にスワイプします。

4 次のおすすめの動画が表示され、再生が始まります。

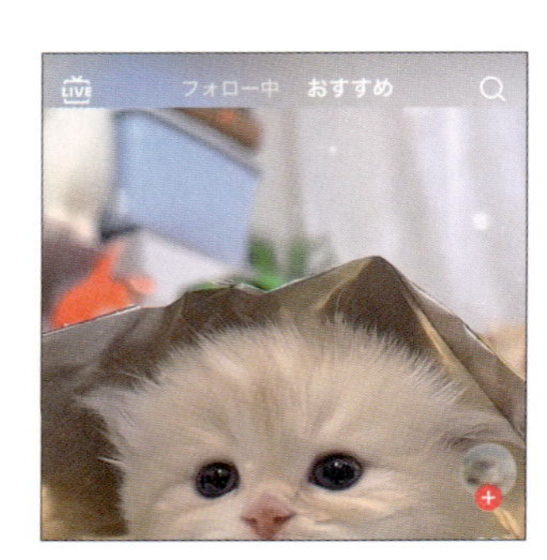

フォロー中のユーザーの動画を視聴する

1 「レコメンド」タブで［フォロー中］をタップします。

2 「フォロー中」フィードの表示に変わり、フォローしているユーザー（P.44参照）の動画が再生されます。画面を上方向にスワイプします。

3 次の動画が表示され、再生されます。［おすすめ］をタップすると、「おすすめ」フィードに戻ります。

Memo 動画をタッチする

「レコメンド」タブの動画をタッチすると、画面下部にメニューが表示されます。メニューからは、表示中の動画やフィードに対する設定、動画のシェアなどができます。

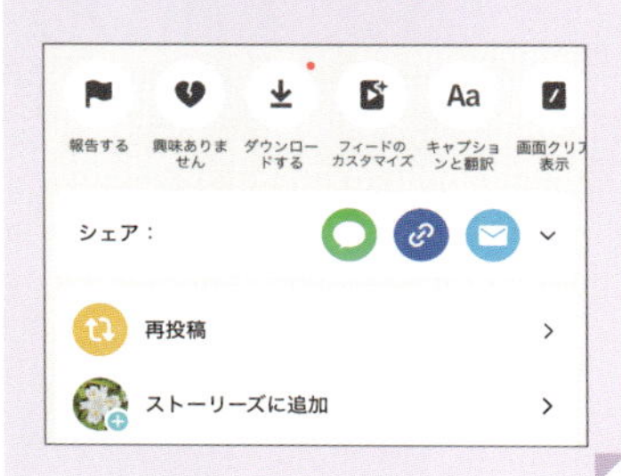

Section 09 動画を検索しよう

TikTokでは、おすすめの動画をレコメンドして、興味を持ちそうな動画を次々表示してくれますが、見たい動画を検索することも可能です。キーワードで動画を検索したり、ユーザー名で知り合いのプロフィールから動画を見たりできます。

キーワードで動画を検索する

1 「レコメンド」タブで🔍をタップします。

2 キーワードを入力し、[検索]をタップします。

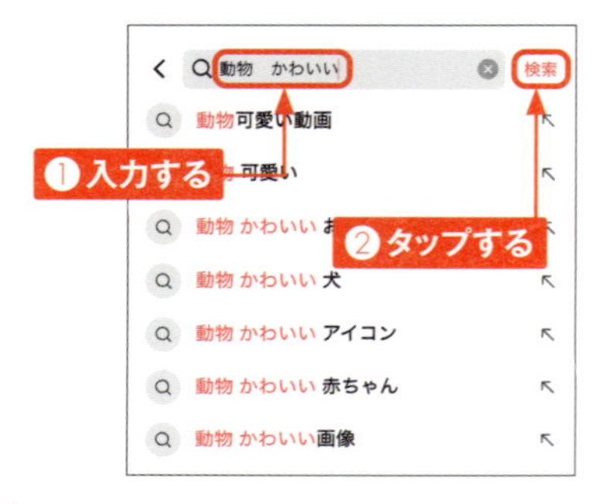

3 [動画]をタップすると、キーワードに合った内容の動画が一覧表示されます。視聴したい動画をタップします。

4 動画が再生されます。<（Androidでは←）をタップすると、検索画面に戻ります。

ユーザー名で検索する

1. P.26手順②の画面で検索したいユーザーのユーザー名を入力し、［検索］をタップします。

2. ［ユーザー］をタップし、表示された候補の中から該当する名前をタップします。

3. タップしたユーザーのプロフィールが表示されます。画面下部にそのユーザーが投稿した動画が一覧表示されているので、視聴したい動画をタップします。

4. 動画が再生されます。

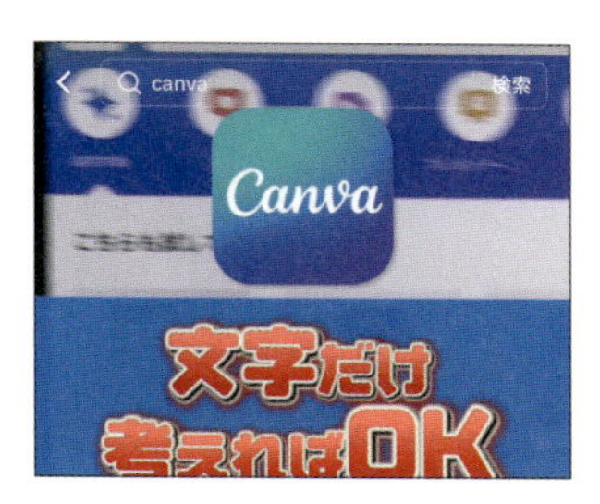

Memo **検索項目**

TikTokでは、「動画」「ユーザー」以外に、「楽曲」「LIVE」「写真」「場所」「ハッシュタグ」でも検索ができます。

Section 10

音声をキャプションで表示しよう

音声を自動で認識してキャプションを生成する機能は、字幕のない動画を視聴するときに利用すると便利です。ここでは、機能をオン／オフにする設定方法を解説します。

キャプション（字幕）をオンにする

① 動画をタッチし、メニューから［キャプションと翻訳］をタップします。

② 「キャプションを表示（自動生成）」の をタップします。

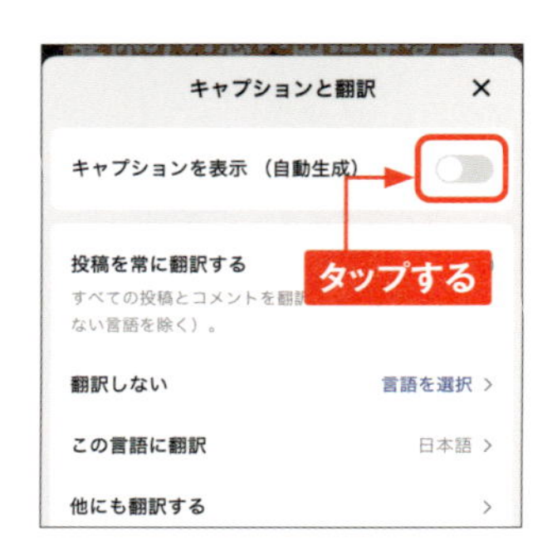

③ 「字幕がオンになりました」と表示されます。✕をタップします。

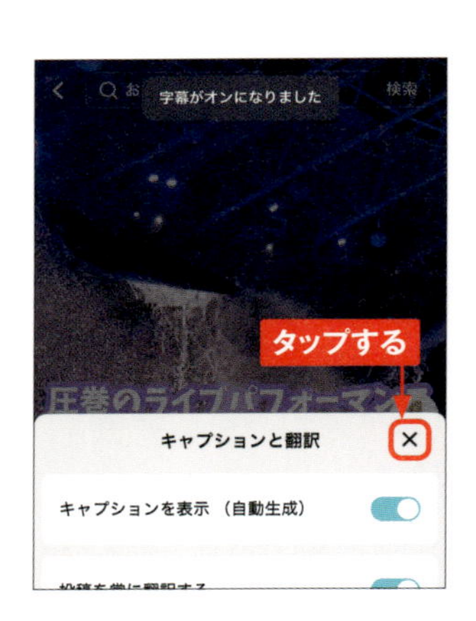

④ 音声を認識してキャプションが表示されます。

第2章 動画を視聴しよう

キャプション（字幕）をオフにする

① キャプションがオンの状態で、動画をタッチし、メニューから［キャプションと翻訳］をタップします。

② 「キャプションを表示（自動生成）」の をタップします。

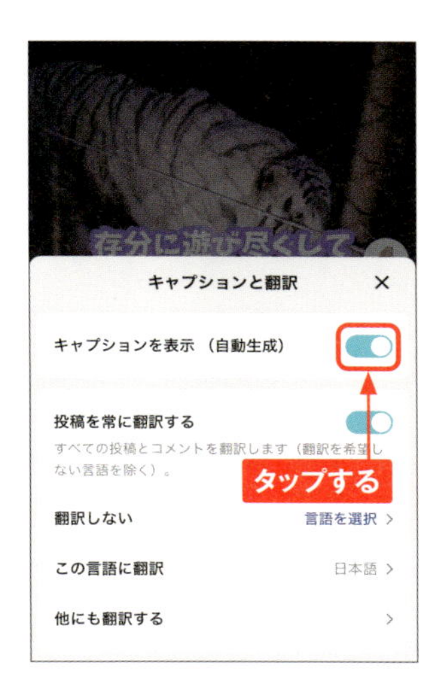

③ 「字幕がオフになりました」と表示されます。×をタップして動画に戻ります。

Memo

投稿を常に翻訳

「キャプションと翻訳」に表示されている「投稿を常に翻訳する」は、初期状態でオンに設定されています。この機能がオンの状態だと、投稿のキャプション（動画左下の説明）が日本語に翻訳されます。また、日本語以外の言語へ翻訳したり、翻訳しない言語を指定したりすることも可能です。

Section 11 再生速度を変更しよう

TikTokでは、再生時間が短い動画が多く投稿されています。テンポよく見られる動画が多いですが、再生速度を変えて倍速でよりたくさん視聴したり、0.5倍速でゆっくり視聴を楽しんだりすることも可能です。

再生速度を変更する

① 動画をタッチします。

② メニューアイコンを左方向にスワイプします。

③ ［再生速度］をタップします。

④ ゆっくり再生する場合は「0.5×」、速く再生する場合は「1.5×」または「2×」をタップします。✕をタップして動画に戻ります。

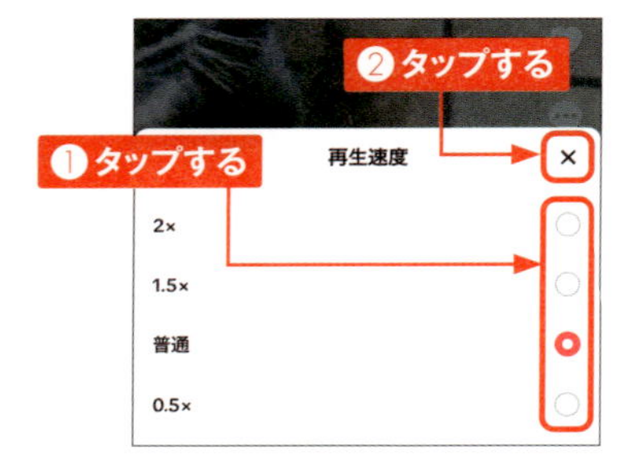

Section 12 使われている楽曲名や作曲者を調べよう

TikTokでは、動画に合った雰囲気の楽曲や流行している楽曲がBGMに利用されることが数多くあります。動画から楽曲の情報を確認できるので、視聴中に気になる楽曲があれば調べてみましょう。

使われている楽曲名や作曲者を調べる

1 動画の右下のアイコンをタップします。

2 動画で使用されている楽曲と、その楽曲が使われている動画の一覧が表示されます。

3 作曲者名の右横の［フォロー］をタップして、「フォロー中」にすると、作曲者のアカウントをフォローできます。

4 ［楽曲を使う］をタップすると、楽曲が選択された状態の投稿画面が表示されます。

Section 13

過去に見た動画をまた見てみよう

「レコメンド」タブで視聴した動画は、視聴履歴に記録が残ります。一度見た動画を再視聴したいときは、視聴履歴から動画を探してみるとよいでしょう。視聴履歴は、視聴した時期でフィルターをかけることも可能です。

視聴履歴を表示する

1 「プロフィール」タブで≡をタップし、[設定とプライバシー]をタップします。

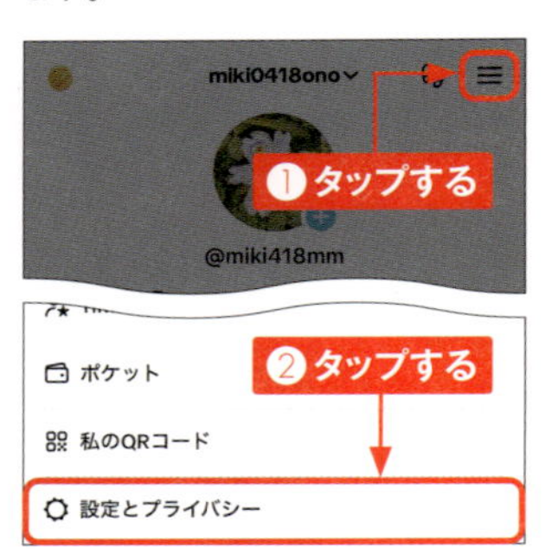

2 [アクティビティセンター]をタップします。

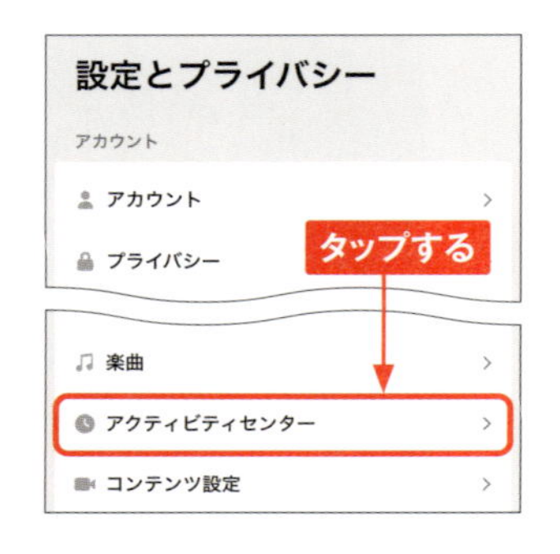

3 [視聴履歴]をタップします。

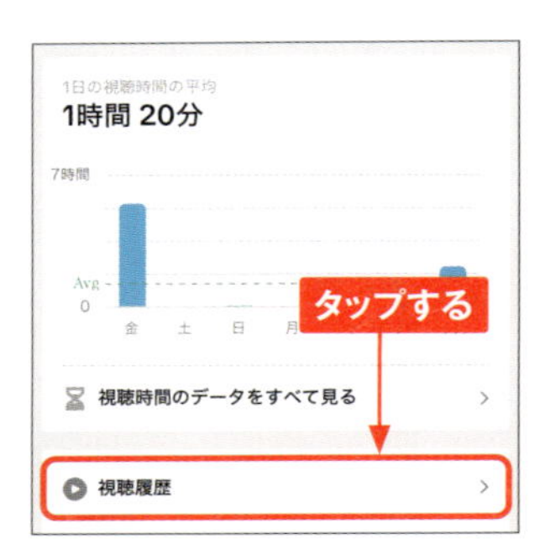

4 カバーをタップすると、過去に視聴した動画を見ることができます。

Section 14

動画をセーブしよう

TikTokでは、おすすめの動画が次々と流れてきます。スワイプで流れてしまった動画が再び再生されることはまれなので、気に入った動画はセーブしておくことで、何度でも視聴できます。

動画をセーブする

① 動画右側のアイコンから🔖をタップします。

② アイコンが黄色に変わり、動画がセーブされます。

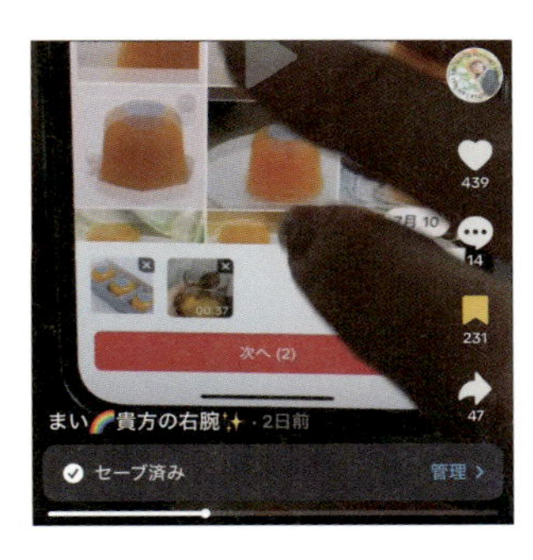

③ 再度アイコンをタップすると、セーブが解除されます。

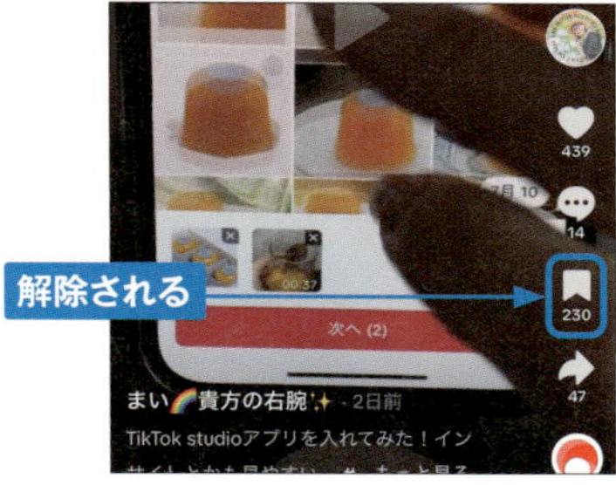

Memo 楽曲をセーブする

P.31手順②の画面で［セーブする］をタップすると、楽曲をセーブすることができます。楽曲をセーブしておくと、動画投稿時にすばやく気に入った音楽を選択できます。

Section 15

セーブしたコンテンツを楽しもう

セーブしたお気に入りの動画は、「プロフィール」タブにまとめられます。「プロフィール」タブからお気に入りの動画を視聴しましょう。また、セーブした楽曲なども「プロフィール」タブで確認できます。

セーブした投稿を再視聴する

1 「プロフィール」タブで をタップします。

2 セーブした動画が一覧で表示されます。視聴したい動画のカバーをタップします。

3 セーブした動画が再生されます。画面を上方向にスワイプします。

4 セーブした次の動画が表示され、自動的に再生されます。

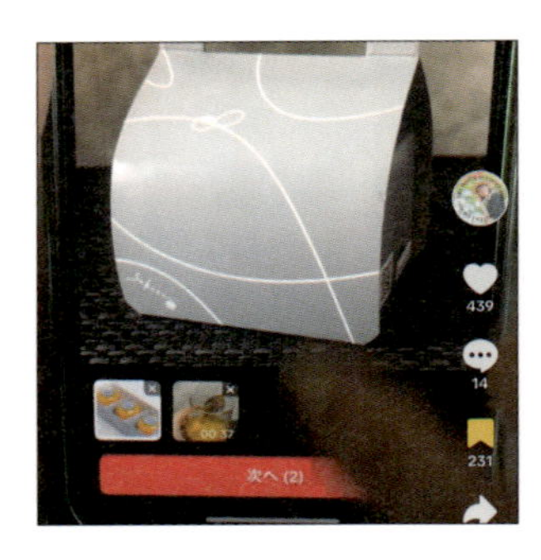

Section 16

興味のない動画をおすすめから外そう

TikTokでは、興味を持ちそうな動画を次々表示してくれますが、興味のない動画が流れてくることもあります。興味のない動画やそれとテーマが似ている動画をおすすめから外すことで、レコメンドをより充実させることができます。

動画に興味がないことを登録する

1 動画をタッチします。

2 ［興味ありません］をタップします。

3 次の動画に切り替わり、画面下部にメッセージが表示されます。

Memo ハッシュタグのフィルター

手順③の画面で［詳細を見る］をタップすると、「ハッシュタグのフィルター」が表示されます。ハッシュタグをタップし、［送信］をタップすると、そのハッシュタグが付いた動画が「おすすめ」フィードに表示されなくなります。

LIVEを視聴しよう

「レコメンド」タブでは、通常の動画に加えて、ユーザーがリアルタイムに配信しているLIVEを視聴することもできます。ここでは、LIVEの視聴方法とLIVE画面の見方を確認します。

LIVEを視聴する

① 「レコメンド」タブで LIVE をタップします。

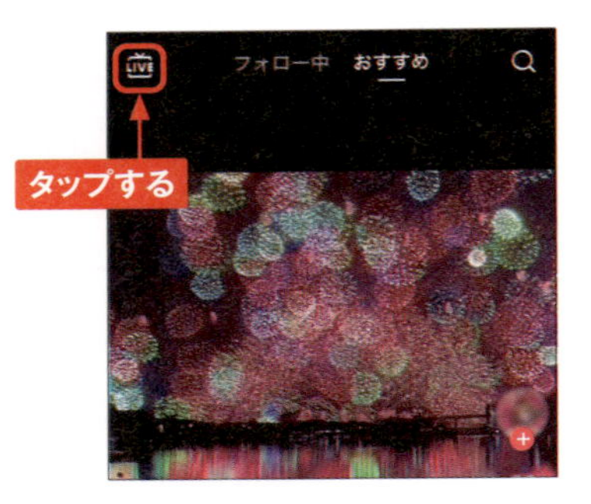

② 現在配信されているLIVEが表示されます。

③ 画面を上方向にスワイプします。

④ 別のLIVE配信が表示されます。

LIVE画面の見方

❶配信者のアカウントが表示されます。

❷LIVEを視聴しているユーザーのアイコンと視聴者数が表示されます。

❸LIVEから退出できます。

❹トピック（配信内容）やランキングが表示されます。

❺LIVEゴールやイベントなどが表示されます。

❻投稿者や視聴者のコメントがリアルタイムで表示されます。

❼視聴者が贈ったギフトがリアルタイムで表示されます。

❽投稿者のサブスクに登録し、コミュニティに参加できます。

❾コメントを投稿できます。

❿マルチゲストLIVEやギフトの送信、LIVEのシェアなどができます。アイコンが表示されないこともあります。

Memo LIVE配信者と交流する

LIVEには、配信者と視聴者の交流を盛り上げる機能が盛り込まれています。その1つはコメント機能です。あいさつや質問をして配信者とコミュニケーションすることができます。また、「ギフト」という投げ銭機能（P.38参照）やサブスクを活用すれば、配信者を応援することができ、より親密な関係性を深められます。

Section 18

LIVEの投げ銭機能を使ってみよう

TikTokのLIVEでは、投げ銭機能である、「ギフト」があります。配信者にギフトを贈ることで、視聴者は配信者を応援できます。ここでは、ギフトの贈り方と、ギフトを購入するためのコインのチャージ方法を解説します。

ギフトを贈る

1 LIVE画面で［ギフト］をタップします。

2 贈りたいギフト（ここでは［バラ］）をタップします。

3 ［送信］をタップし、ギフトを送信します。

Memo ギフトとは

TikTokでは、LIVE配信で配信者にギフトを贈って、配信者を応援できます。ギフトを送るには、TikTok内の通貨であるコインをチャージし、ギフトを購入する必要があります。コインは、手順①や手順②の画面の［チャージ］をタップするか、「プロフィール」タブからチャージできます。

コインをチャージする

1 「プロフィール」タブで≡タップし、[ポケット] をタップします。

2 初回は画面下部に説明画面が表示されるので、[次へ]→[次へ]→ [開始] の順にタップします。

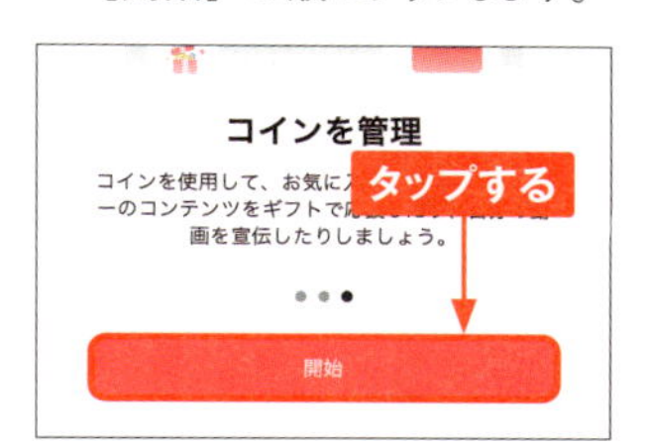

3 [コインを入手] をタップします。

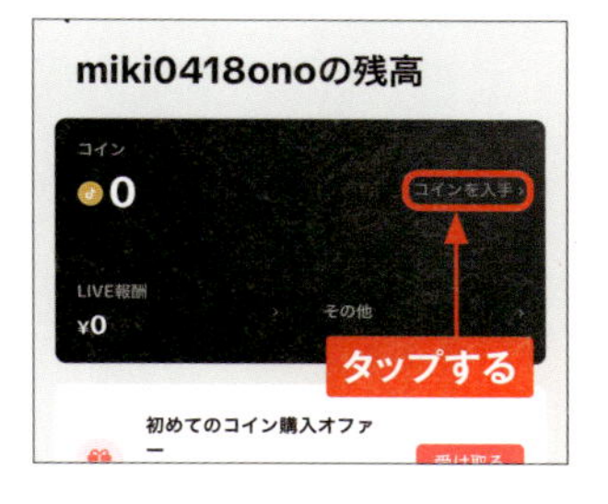

4 チャージしたいコイン数・金額をタップし、[チャージ] をタップします。

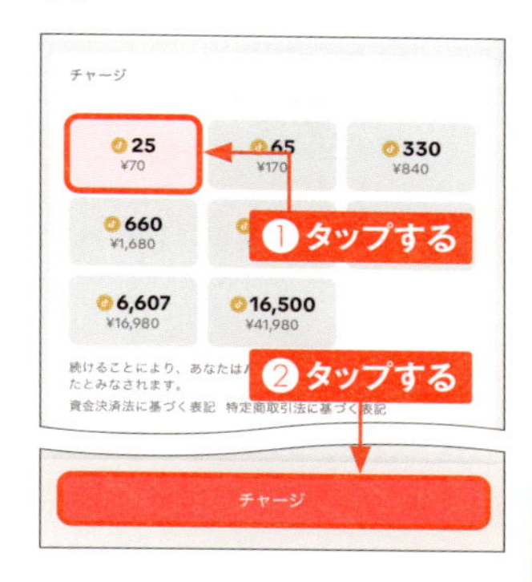

5 [購入] (Androidでは、[1クリックで購入]) をタップします。

Memo コインの支払い方法

「TikTok」アプリからコインを購入する際は、Apple StoreまたはPlay ストア経由で支払いを行います。あらかじめApple StoreやPlay ストアで支払い方法を設定しておくと、スムーズにコインを購入できます。

Section 19

動画を保存しよう

TikTokに投稿された動画は、投稿者がダウンロードを禁止していない限りダウンロードが可能です(P.164参照)。端末にダウンロードした動画には、TikTokのウォーターマーク(ロゴ)が入ります。

動画をダウンロードする

① 動画をタッチします。

② [ダウンロードする]をタップします。

③ 動画のダウンロードが完了すると、「シェア」画面が表示されます。

④ 「写真」アプリ(Androidでは、「フォト」アプリ)を起動すると、ダウンロードされた動画を確認できます。

第3章

ほかのユーザーと交流しよう

動画に「いいね」を付けよう

XやInstagramなどのほかのSNSと同様に、TikTokにも気に入った投稿に「いいね」を付ける機能があります。「いいね」を付けることで、投稿者にその投稿が気に入ったことを気軽に伝えられます。

動画に「いいね」を付ける

① 動画の右側にある♡をタップします。

② アイコンに色が付き、「いいね」が付きます。

③ 再度アイコンをタップすると、「いいね」が解除されます。

Memo 「いいね」した投稿を閲覧する

「いいね」を付けた投稿は、「プロフィール」タブから確認と閲覧ができます。「プロフィール」タブで♡をタップしましょう。

動画にコメントを付けよう

動画の内容に関する感想など、コメントにはさまざまなメッセージを載せることができます。投稿者が自分の動画にコメントし、視聴者へのメッセージを表示させたり、ほかのユーザーのコメントに返信して視聴者どうしで交流したりすることもできます。

動画にコメントを付ける

1 動画の右側にある💬をタップします。

2 コメントの入力欄をタップします。

3 コメントを入力し、↑をタップします。

4 コメントが投稿されました。

お気に入りの投稿者をフォローしよう

気に入った動画の投稿者をフォローして、これまでの投稿や新着の動画をチェックしましょう。投稿者をフォローすると、「レコメンド」タブの「フォロー中」フィードに投稿者の動画が表示されるようになります。

投稿者をフォローする

① 動画の右側にある投稿者のユーザーアイコンをタップします。

② ［フォロー］をタップします。

③ 「フォロー」の表示がに変わり、フォローが完了します。

Memo フォローの設定

手順①の画面でユーザーアイコンの下に表示されているをタップすることでも、投稿者をフォローできます。また、手順③の画面でをタップすると、フォローを解除できます。

第3章 ほかのユーザーと交流しよう

投稿者がフォローしている人やフォロワーを確認しよう

投稿者がフォローしている人やフォロワーを確認することで、お気に入りの投稿者を見つけたり、同じ趣味のユーザーと出会えたりする可能性があります。新しくユーザーをフォローして交流を広げましょう。

投稿者のプロフィールを確認する

① 動画の右側にある投稿者のユーザーアイコンをタップします。

② 投稿者のプロフィールが表示され、投稿した動画が一覧で表示されます。

③ ［フォロー中］をタップします。

④ 投稿者がフォローしているアカウントが一覧で表示されます。また、［フォロワー］をタップすると、投稿者をフォローしているユーザーが一覧で表示されます。

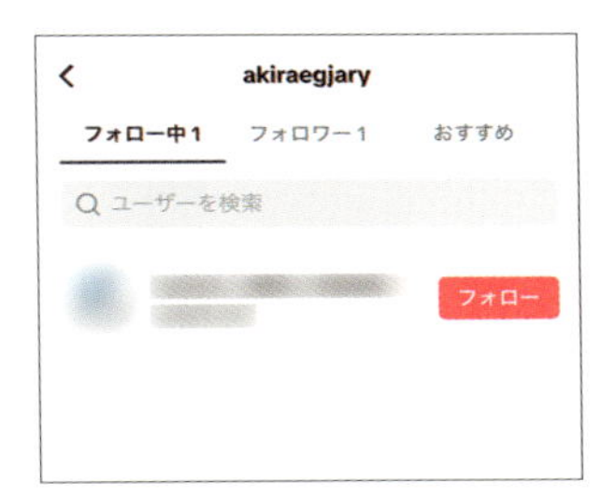

Section 24 ほかのユーザーの動画を再投稿しよう

気に入った動画を再投稿すると、相互フォロワーに動画がシェアされます。フォロワーがさらにその動画を再投稿すると、フォロワーの相互フォロワーにも動画が拡散されるので、より多くのユーザーの目に留まりやすくなります。

動画を再投稿する

1 動画をタッチします。

2 ［再投稿］をタップします。

3 初回は画面下部に説明画面が表示されるので、［OK］をタップします。

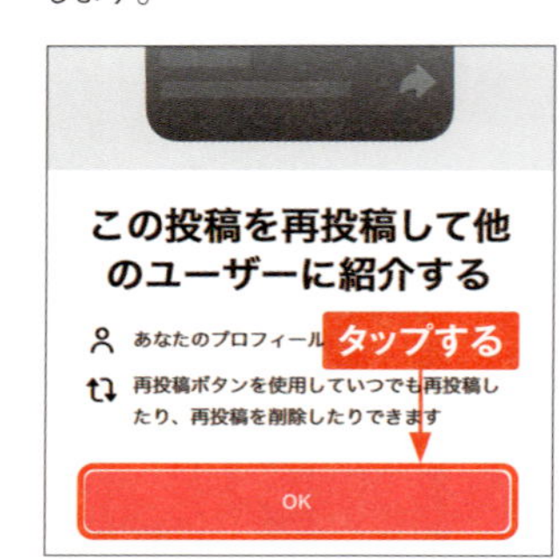

4 「再投稿しました」と表示され、再投稿が完了します。

第3章 ほかのユーザーと交流しよう

Section 25

動画をほかのSNSにシェアしよう

気に入った動画を、ほかのSNSでつながっている友だちにもシェアしましょう。友だちがTikTokを利用していなくても視聴できます。また、シェアした際にTikTokアカウントを相手に知られたくないときは、P.170を参考に設定を変更します。

動画をほかのSNSにシェアする

① 動画の右側にあるをタップします。

② シェアするSNS（ここでは［X］）をタップします。

③ SNSアプリが起動し、デフォルトのテキストと動画のリンクが入力されます。

Memo メールやSMSで動画をシェアする

手順②の画面で［SMS］や［メール］（Androidでは、［Email］）をタップすると、SMSやメールで動画を家族や友人、知り合いにシェアすることができます。「SMS」や「メール」などの表示がない場合は、［もっと見る］をタップして共有するか、［リンクをコピー］で動画のリンクをコピーして文面に貼り付けることも可能です。

ダイレクトメッセージを送ってみよう

ほかのユーザーとダイレクトメッセージのやり取りをして、交流を深めましょう。なお、ダイレクトメッセージの送受信は、16歳以上のユーザーが利用可能ですが、メッセージリクエストを受け取れるのは、18歳以上のユーザーとなっています。

ダイレクトメッセージを送る

① ［メッセージ］タブをタップします。

② 画面上部の⊕をタップします。

③ ダイレクトメッセージを送る相手をタップし、［チャット］をタップします。

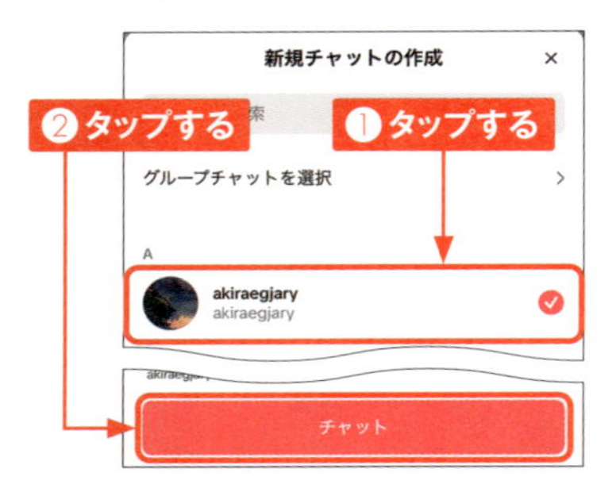

Memo 新規チャットの作成

手順③の画面には、相互フォロワーのアカウントが表示されます。自分のアカウントをフォローしていないユーザーにダイレクトメッセージを送信したい場合は、相手のプロフィールなどからメッセージリクエスト（P.50参照）を送り、相手の承認を待つ必要があります。

4 初回は画面下部に説明画面が表示されるので、[完了]をタップします。

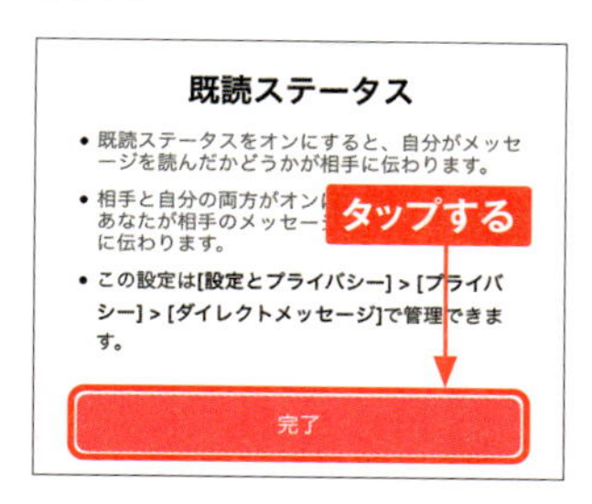

5 この画面でメッセージのやり取りを行います。メッセージの入力欄をタップします。

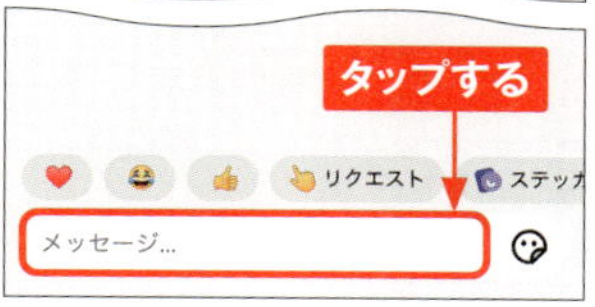

6 メッセージを入力し、▼をタップします。

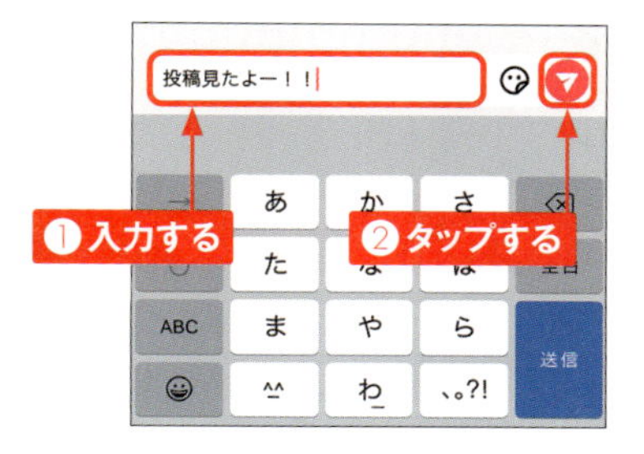

7 ダイレクトメッセージが送信されます。

8 相手がメッセージを確認すると、ステータスが「既読」に変化します。

Memo チャットの選択

相手とのチャットを再開する場合、手順②の画面でチャットをタップすると、手順⑤の画面が表示されます。手順②の画面に相手の名前が見当たらない場合は、画面上部にQが表示されるようになるのでタップし、相手の名前やユーザー名を検索します（自分がフォローしていないユーザーは検索結果に表示されません）。

メッセージリクエストを送る

1 「メッセージ」タブ上部のQをタップします。

2 画面上部の検索エリアをタップし、フォローしているユーザーの名前やユーザー名を入力して、検索結果に表示からメッセージリクエストを送りたい相手をタップします。

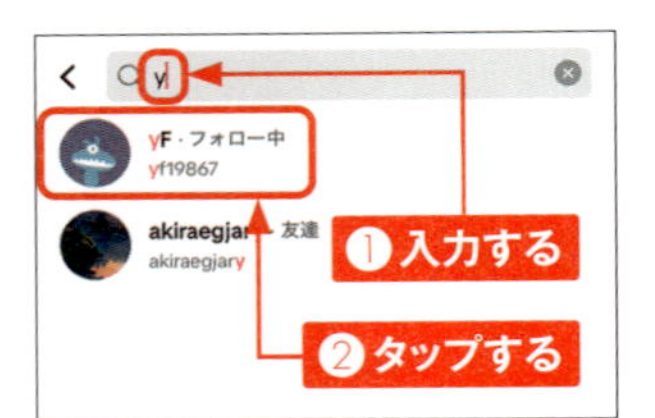

3 P.49手順⑤～⑥を参考にメッセージを送信すると、メッセージリクエストとして相手に通知されます。

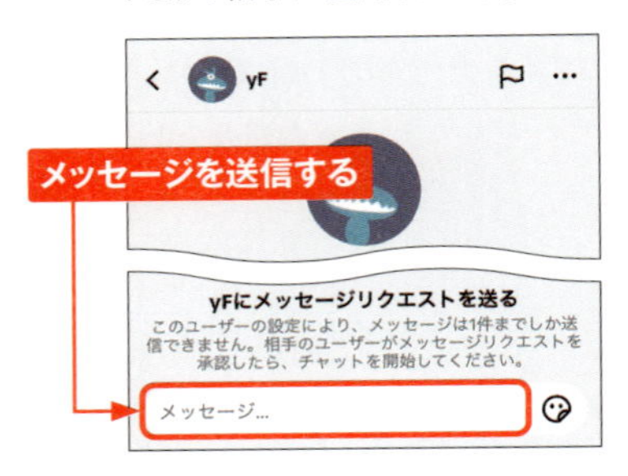

4 相手がメッセージリクエストを承認すると、通知が届き、ダイレクトメッセージのやり取りができます。

Memo フォローしていない相手の場合

フォローしていない相手にメッセージリクエストを送ることもできます。P.45を参考にユーザーのプロフィール画面を表示し、[メッセージ] をタップすると、手順❸の画面が表示されます。

Memo メッセージリクエストの承認

ほかのユーザーからメッセージリクエストが送られてくると、「メッセージ」タブに通知が届きます。「メッセージ」タブで [メッセージリクエスト] →ユーザーの名前→ [承認] の順にタップすると、リクエストが受理され、ダイレクトメッセージのやり取りを開始できます。

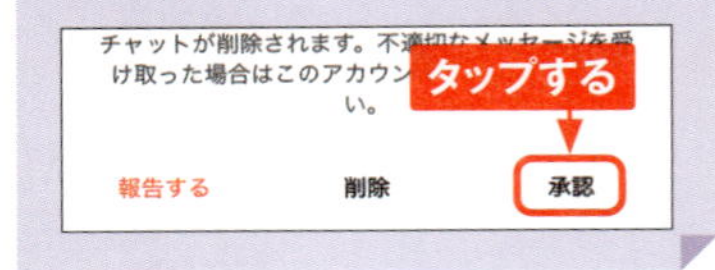

Section 27

グループチャットを利用しよう

TikTokのメッセージでは、複数のユーザーと同時にチャットをすることもできます。グループチャットでは、1つのグループに最大32人まで参加可能です。部活やサークルメンバー、会社の同僚などとチャットしたいときに活用しましょう。

グループチャットを作成する

1 P.48手順③の画面で複数のユーザーをタップし、[グループチャットを開始] をタップします。

2 グループチャットが作成されます。

Memo グループチャットの名前を変更する

グループチャットの名前は、メンバーの名前の羅列になります。今後も同じメンバーでやり取りするのであれば、わかりやすくグループチャットの名前を付けるとよいでしょう。手順②の画面で [名前の変更] をタップし、名前を入力して、[保存] をタップするか、…をタップし、「詳細を見る」画面から✎をタップして、名前を変更します。

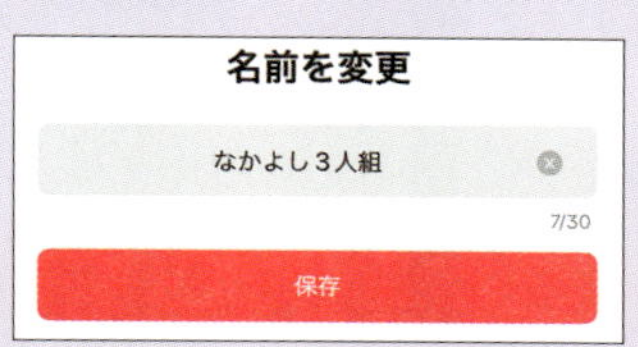

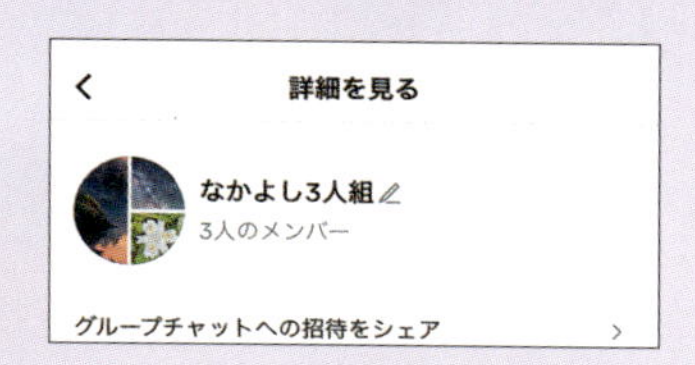

Section 28 アカウントのQRコードやリンクを利用しよう

近しい友人とアカウントを相互にフォローしたいときなどは、QRコードが便利です。お互いにQRコードを読み込むことで、かんたんにアカウントをフォローできます。また、メールでプロフィールのリンクを送信する方法も紹介します。

自分のQRコードを表示する

1 ［プロフィール］タブをタップします。

2 ≡をタップします。

3 ［私のQRコード］をタップします。

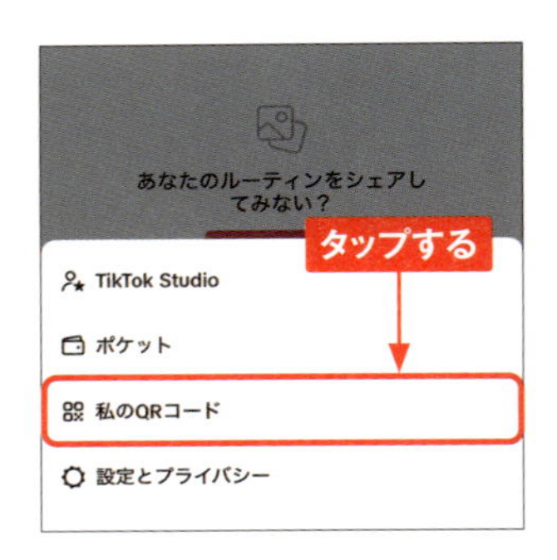

4 QRコードが表示されます。

友だちのQRコードを読み取る

1 P.52手順④の画面で[QR]をタップします。

2 読み取り画面が表示されるので、友だちのスマートフォンに表示されているQRコードを写します。

3 ［フォロー］をタップします。

4 「フォロー」の表示が[アイコン]に変わり、フォローが完了します。

Memo QRコードの読み込み

ここでは、TikTokのスキャン画面から友だちのQRコードを読み込む方法を紹介しましたが、スマートフォンのカメラでQRコードを読み込むことでも、相手のプロフィール画面の表示が可能です。

Memo QRコード画面の背景色

自分のQRコードが表示されている画面の背景部分をタップすると、色の変更が可能です。背景の色は、赤、橙、緑、紫、青の5色が用意されています。

自分のプロフィールリンクをメールで送信する

① P.52手順④の画面で［リンクをシェア］をタップします。

② ［メール］（Androidでは、［Email］）をタップします。

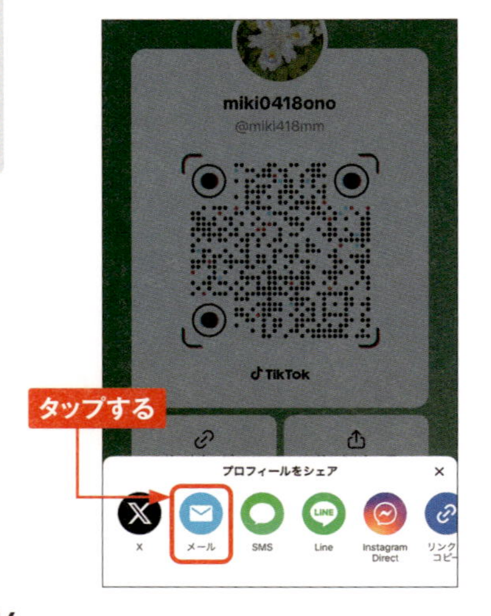

③ メールのアプリが起動し、プロフィールのリンクが入力された状態で、メールの作成画面が表示されます。宛先などを設定して送信します。

Memo リンクをコピー

手順①の画面で［リンクをコピー］をタップすると、リンクテキストをコピーでき、メモのアプリやドキュメントを作成するアプリに直接貼り付けることが可能です。リンクのURLをタップすると、「TikTok」アプリ（「TikTok」アプリがインストールされていない場合は、Webブラウザー）が起動し、送り主のTikTokプロフィールが表示されます。

第4章

動画を編集・投稿しよう

TikTokに投稿する動画の種類を確認しよう

TikTokには多様なジャンルの動画が投稿されていますが、その中でもとくに人気の高いジャンルがいくつかあります。コミュニティガイドラインを確認して、皆が安心して視聴できる動画を投稿しましょう。

TikTokによく投稿される動画

TikTokといえば、ダンス動画というイメージを持っている方も多いかもしれません。ダンス動画は、TikTokで人気のあるジャンルの1つで、トレンドの音楽に合わせて踊る動画がよく投稿されます。アーティストが公式で出している振り付けもありますが、ダンサーがTikTok用に振り付けを考案していることもあります。音楽や歌のジャンルも人気です。楽曲をカバーし、歌っている様子を投稿します。そのほかには、メイク動画やコスメの紹介といった美容系、コーディネートやトレンドアイテムを紹介するファッション系、オリジナルレシピや再現料理の調理・実食シーンを投稿する料理系、ペットや子どもの動画を投稿する癒し系、ショートコントやショートドラマ、ショートアニメーション、生成AIを活用して作成したイラストや動画の投稿などさまざまなジャンルの動画がTikTokに投稿されています。アカウントを運用する際は、1つのジャンルに絞ってコンスタントに投稿することが動画を多くの人に見てもらうためのコツです。自分の特技や興味関心の高いジャンルを検討して、質の高い動画を作りましょう。

TikTokに投稿できない動画

コミュニティガイドライン（https://www.tiktok.com/community-guidelines/ja/）によって、削除の対象となっていたり、年齢制限が適用されていたりするコンテンツがあります。下にその一部を紹介します。TikTokは若い世代の利用も多く、おもしろ半分に真似される可能性もあります。禁止や制限がなくても、よく吟味して動画の内容を決めましょう。

暴力や犯罪行為、ヘイトスピーチ／行為

脅迫、暴力の助長、暴力の扇動、人や動物、財産に害をおよぼすおそれがあり、犯罪行為を助長するようなコンテンツは禁じられています。また、ヘイトスピーチ、ヘイト行動、ヘイトイデオロギーを助長するコンテンツも許容されません。これには、保護対象グループ（民族や宗教、ジェンダー、障害など、生まれ持った変えることのできない特性を共有する個人またはコミュニティ）を攻撃する明示的／暗示的なコンテンツも含まれます。こうした内容の動画を投稿したアカウントは、停止措置が取られる場合があります。

性的虐待と身体的虐待

未成年者への性的／身体的虐待、ネグレクト、搾取を表示、助長、関与するコンテンツや、成人への性的／身体的虐待（家庭内暴力）、セクシャルハラスメントを表示、助長、関与するコンテンツも禁止されています。また、いじめのほか、個人の尊厳をおとしめるコンテンツも許容されません。

危険な行為とチャレンジ

重大な身体的危害を含む危険な行為が現実に起こったり差し迫っていたりするところを表示するのは禁止されています。斧やチェーンソー、溶接トーチといった使い方によっては危険なツールの不適切な使用、人間が摂取すると危険な物質の飲食、危険運転も許容されていません。禁止となってはいませんが、模倣される可能性が高い危険行為は、18歳以上の年齢制限がかけられ、「おすすめ」フィードの対象外になっています。

オリジナルではないコンテンツ

他人が制作した動画や写真を無断で投稿すると著作権違反になります。違反となるコンテンツは削除されてしまいます。

Section 30 本体内の動画を投稿する流れを確認しよう

スマートフォンのカメラで撮影した動画や、作成したアニメーション動画など、スマートフォン本体内の動画を投稿したい場合の投稿の流れを紹介します。動画を撮影して投稿する流れは、P.80で解説しています。

本体内の動画を投稿する流れ

●動画の選択（P.59参照）

スマートフォン内にある、TikTokにアップロードしたい動画を選択します。

●動画の編集（P.60～74、P.86～93参照）

順番に表示される画面の指示に従って、動画を編集します。楽曲やテキストを挿入したり、エフェクトやフィルターを施したりできます。

●動画の詳細の作成（P.75～79参照）

動画のカバーを設定したり、動画の概要を入力したりします。また、公開範囲を設定します。

●動画の投稿

動画の編集や詳細を設定したら、動画の詳細の入力画面から動画を投稿します。

Section 31

本体内の動画をアップロードしよう

過去に撮影した動画やアニメーション動画を投稿する場合は、撮影画面から動画をアップロードします。本体内の動画を投稿する場合の基本的な操作なので、確認して覚えておくとスムーズです。

本体内の動画をアップロードする

① ＋をタップします。

② 初回はカメラとマイクへのアクセスの許可が必要です。[続ける] をタップし、画面に従って許可します。

③ 右下のサムネイル（アップロード）をタップします。

④ 画面左下の [複数選択] にチェックが入っている場合はタップしてチェックを外し、アップロードしたい動画をタップします。P.60手順①に続きます。

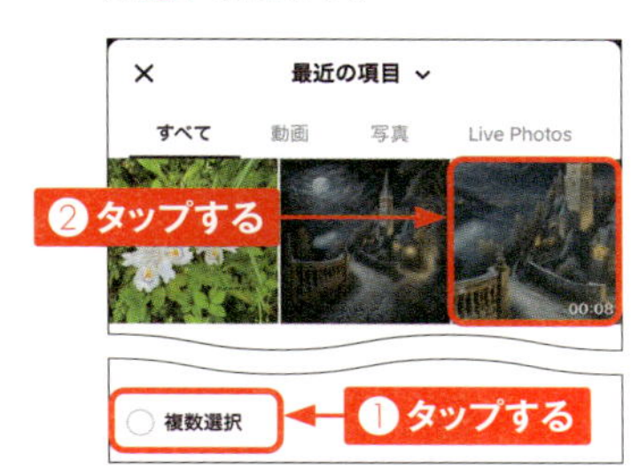

第4章 動画を編集・投稿しよう

楽曲を選択しよう

動画をアップロードすると、動画の編集画面が表示されます。楽曲の追加もこの画面から行います。ここでは、楽曲を選択して挿入したり、音量を調整したりする方法を解説します。楽曲の選び方はP.146 ～ 147も参考にしましょう。

楽曲を選択する

1 ［楽曲を選ぶ］または、楽曲名をタップします。

2 動画の雰囲気に合っているとTikTokが判断した楽曲が表示されます。表示された楽曲を利用したい場合は、楽曲名をタップします。

3 楽曲が流れます。上部の動画部分をタップします。

4 楽曲が挿入されます。楽曲名をタップすると楽曲の再選択、☒をタップすると楽曲を削除できます。

好みの楽曲を検索する

① ［楽曲を選ぶ］または、楽曲名をタップします。

② 🔍をタップします。

③ 楽曲名や楽曲のイメージを入力し、［検索］をタップします。

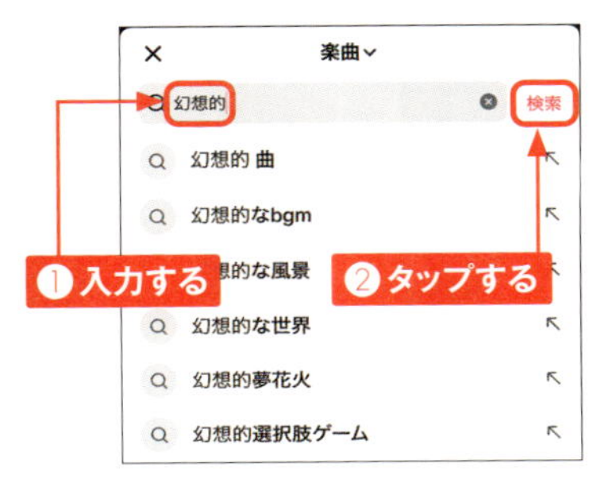

④ 検索結果が表示されます。▶をタップすると楽曲のプレビューが流れます。使いたい楽曲の✓をタップします。

⑤ 楽曲が流れます。上部の動画部分をタップすると、楽曲が挿入されます。

Memo セーブした楽曲を使う

セーブした楽曲を動画で利用したい場合は、手順②の画面で［セーブ済み］をタップして楽曲を選択します。

楽曲の音量を調整する

1 画面上部の楽曲名をタップします。

2 画面下部の［音量］をタップします。

3 「オリジナルサウンド」（動画の音声）と「追加されたサウンド」（楽曲）の音量を左右にスワイプして調整し、［完了］をタップします。

4 上部の動画部分をタップします。手順①の画面に戻ります。

Memo 動画の音声をオフにする

手順②の画面で［オリジナルサウンド］をタップしてチェックを外すと、「音量」を開かなくても動画の音声をオフにできます。

楽曲の開始位置を調整する

1 画面上部の楽曲名をタップします。

2 ✂をタップします。

3 楽曲の波形が表示されている箇所を左右にスワイプして、楽曲の開始位置を調整します。

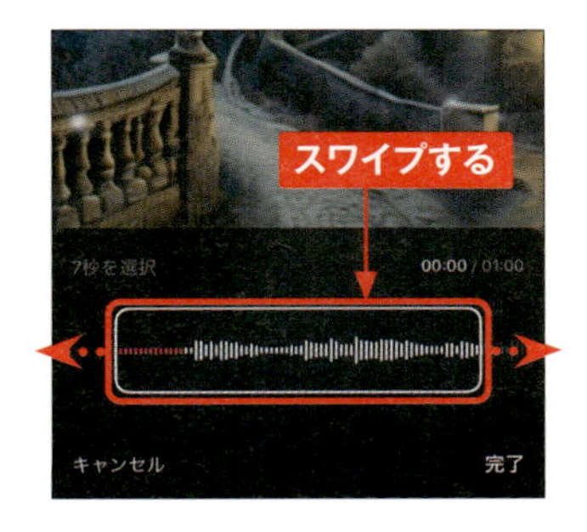

4 調整できたら［完了］をタップします。

5 上部の動画部分をタップします。手順①の画面に戻ります。

Section 33 動画にテキストを入れよう

動画内の音声を字幕にしたり、内容を補完するテキストを挿入すると、視聴者の心に響く動画に仕上がります。文字が入ると目に留まりやすくもなります。テキストの入れ方のポイントはP.144 ～ 145も参考にしましょう。

動画にテキストを入れる

① Aaをタップします。

② テキストを入力し、［完了］をタップします。

③ 動画の中央にテキストが挿入されます。

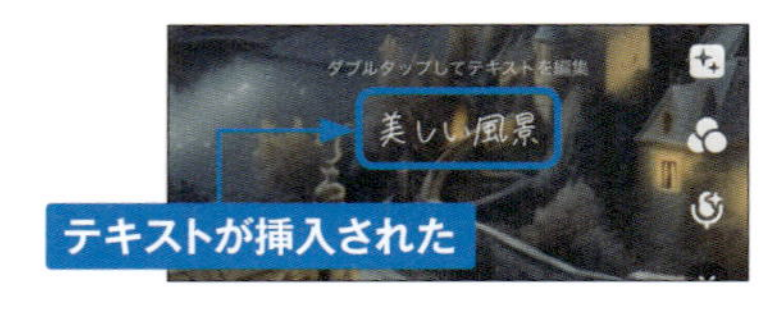

Memo テキストの装飾

手順②の画面では、テキストに縁取りや枠を付けたり、フォントを変更したり、色を付けたりすることができます。文字が読みにくいときや、動画の雰囲気とフォントがあっていないと感じるときなどに活用しましょう。

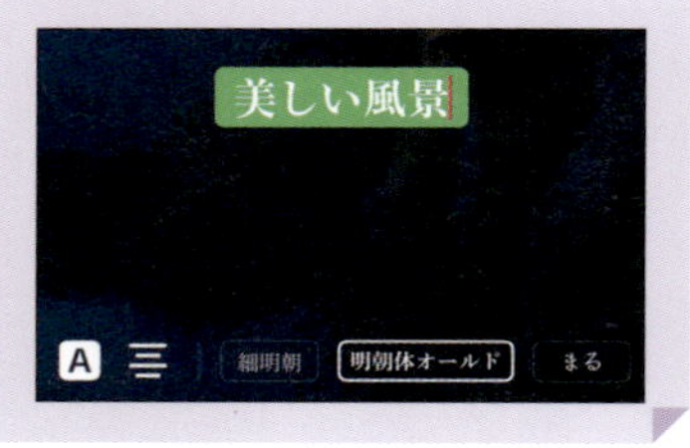

④ テキストをピンチすると、テキストサイズの調整ができます。

⑤ テキストをドラッグすると位置の調整ができます。画面上部の「削除」までドラッグすると、テキストが削除されます。

⑥ テキストをダブルタップまたは、タップして［編集］をタップすると、テキストの修正ができます。

Memo テキストの位置

テキストの表示位置は、人物の顔に重ならない場所、「レコメンド」タブなどに動画が表示された際に、アイコンや概要欄などと重ならない場所が理想です。手順④や⑤の画面でテキストを移動させると薄くアイコンが表示されるので、目安にして調整しましょう。

Section 34 ステッカーを利用しよう

動画をにぎやかにしたいときは、ステッカーを入れるのがかんたんです。さまざまな動くイラスト（GIF）が用意されています。プライバシー保護のためにステッカーを入れるときは、ステッカーを追従させることも可能です。

ステッカーを利用する

1 をタップします。

2 ［GIFを検索］をタップします。

3 挿入したいステッカーの雰囲気などを入力し、任意のステッカーをタップします。

4 ステッカーが挿入されます。テキストと同様に、ピンチでサイズの調整、ドラッグで位置の調整が可能です。

ステッカーの表示時間を調整する

① ステッカーをタップします。

② [ステッカーの表示時間を設定]をタップします。

③ 初期状態では、動画の最初から最後までステッカーが表示されるようになっています。▶をタップすると動画が再生されるので、確認しながら〈と〉を左右にスワイプして表示時間を調整します。

④ 調整が完了したら✓をタップします。手順①の画面に戻ります。

第4章 動画を編集・投稿しよう

ステッカーを固定する

1 ステッカーをタップします。

2 ［ピン留めする］をタップします。

3 ◯を左右にスワイプして動画の表示位置を決め、ステッカーをピンチ／ドラッグして被写体に対して固定表示させたい大きさ／位置を決めます。

4 ステッカーが被写体に固定され、被写体に追従してステッカーも移動するようになります。

エフェクトを加えよう

動画に特殊な動きを加えたり、キラキラの効果を付け加えたりできるのが、「エフェクト」機能です。ここでは、本体内の動画や撮影後の動画にエフェクトを追加する方法を紹介します。撮影時のエフェクトは、P.85を参照してください。

エフェクトを加える

1 をタップします。

2 任意のエフェクトをタップします。《と》を左右にスワイプすると、エフェクトがかかる範囲を変更できます。

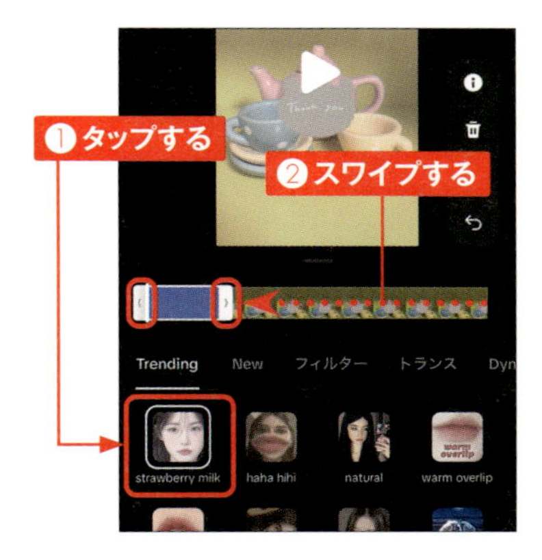

3 スワイプしてエフェクトを加えたい位置を決め、エフェクトをタップします。

4 2つ目のエフェクトが追加されます。をタップするとエフェクトを削除できます。完了したら[保存]をタップします。手順①の画面に戻ります。

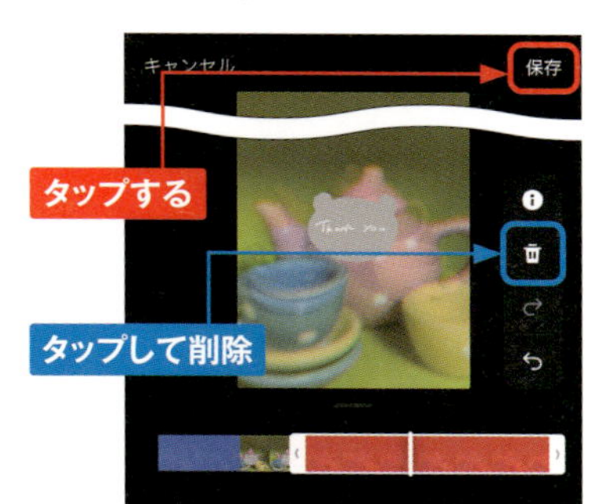

Section 36 フィルターを使おう

雰囲気のある映像を作りたいときは、「フィルター」を試してみましょう。かんたんに動画の印象を変えることができます。利用するフィルターを決めておくと、アカウントの動画に統一感が出ます。

フィルターを適用する

① 画面を左右にスワイプします。

② フィルターが次々に切り替わります。をタップします。

③ フィルターが一覧で表示されるので、任意のフィルターをタップします。をスワイプすると、フィルターのかかり具合を調整できます。

④ 上部の動画部分をタップします。手順①の画面に戻ります。

Section 37 動画内の人の声に音声エフェクトをかけよう

音声エフェクトを利用すると、動画内の音声を別人に変えたり、エコーや電話越しの音声のように加工りたりできます。ここでは、音声を別人の声に変換する方法を紹介します。TikTokで用意されている声は個人使用専用です。

声を変更する

① をタップします。

② ［キャラクター］をタップします。

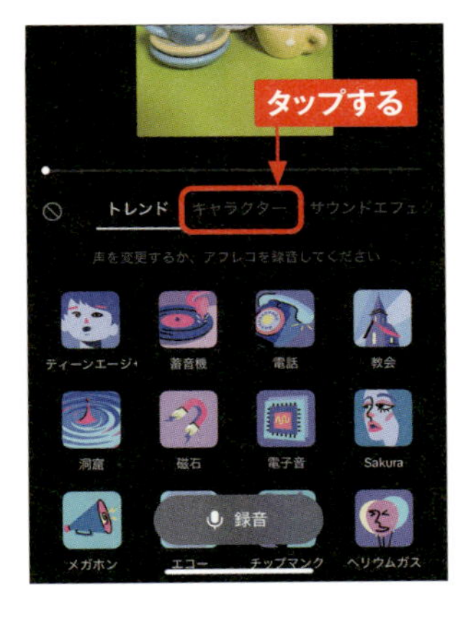

③ ここでは、動画内の人の声を別人の声に変換できます。任意のキャラクターをタップします。

④ 動画が再生され、音声を確認できます。［保存］をタップします。手順①の画面に戻ります。

Section 38 音声を録音しよう

TikTokでは、アフレコ音声を録音することもかんたんです。音声を加工したり（P.71参照）、自動で字幕を作成したり（P.73参照）することもできます。録音の開始／終了位置は自由に設定できます。

アフレコを入れる

1 をタップします。

2 ［録音］をタップします。

3 録音の開始位置をスワイプして決定し、をタップすると、録音が始まります。

4 途中で録音を停止する場合はをタップします。録音し終えたら［完了］をタップします。手順①の画面に戻ります。

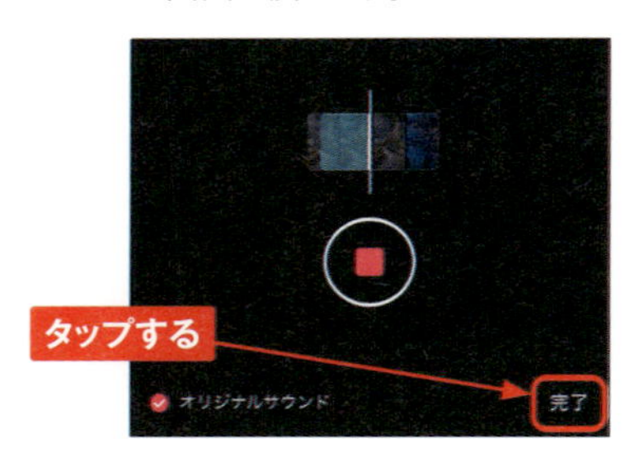

字幕を入れよう

「字幕」は、動画の音声をTikTokのサーバーにアップロードし、字幕テキストを自動生成する機能です。生成された字幕のテキストやフォントを編集することも可能です。字幕の位置は、P.65と同様の方法で変更できます。

自動で字幕を入れる

1 ▼をタップします。

2 ［字幕］をタップします。

3 音声がアップロードされます。

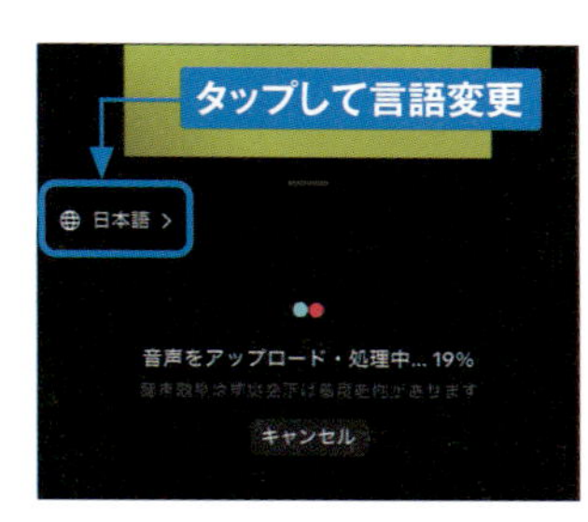

4 字幕が自動生成されます。✎をタップします。

5 修正テキストを入力し、［完了］をタップします。

6 Aをタップします。

7 テキストを装飾します。完了したら［保存］をタップします。

8 🗑をタップすると字幕を削除できます。［完了］をタップして字幕を保存します。手順①の画面に戻ります。

カバーを設定しよう

カバーは、「プロフィール」タブで確認できる動画一覧の顔になる部分です。初期設定では動画の一番はじめの画が表示されるようになっていますが、任意で変更できるので、動画のハイライトに設定することも可能です。

カバーを選択する

1 P.73手順①の画面などで、右下の[次へ]をタップします。[カバーを編集]をタップします。

2 カバーに設定したい箇所をタップします。

3 ［保存］をタップします。

4 カバーが設定されます。

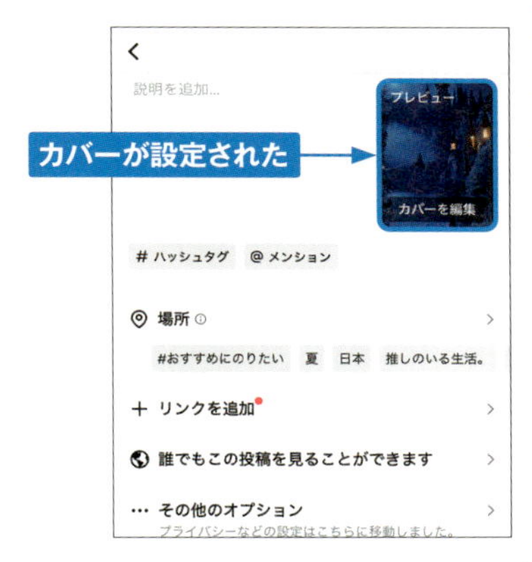

カバーに文字を追加する

1 P.75手順②の画面で画面下部のテキストボックスをタップし、[テキストを入力]をタップします。

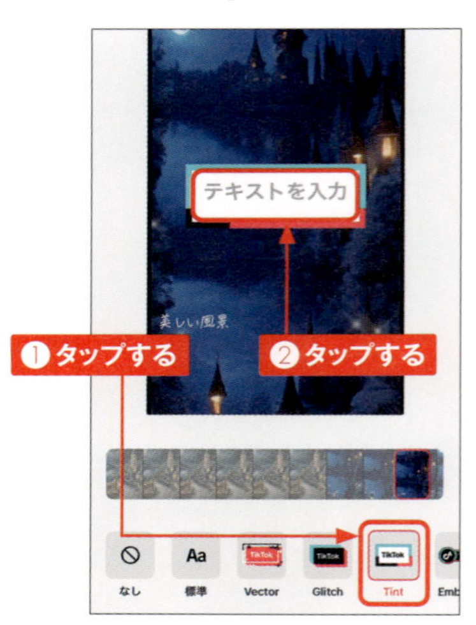

2 タイトルを入力し、[完了]をタップします。

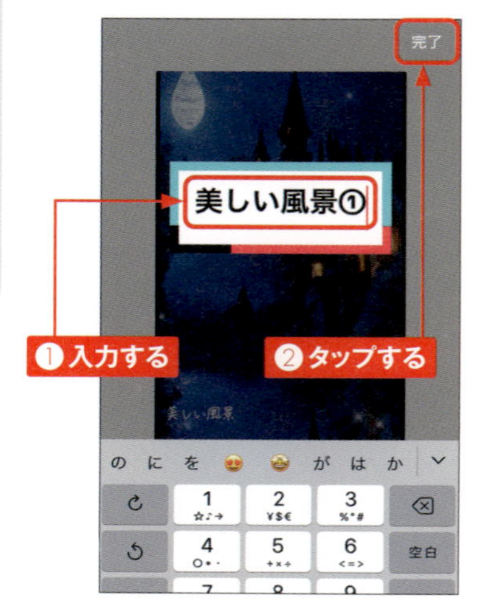

3 [保存]をタップします。

4 カバーに文字が追加されます。

概要欄に情報を追加しよう

概要欄には、動画の説明やハッシュタグが表示されます。動画の内容や補足事項を入力しましょう。効果的な概要欄の書き方やハッシュタグの付け方は、P.150～154も参考にしましょう。

概要欄に説明文を入れる

1 ［説明を追加］をタップします。

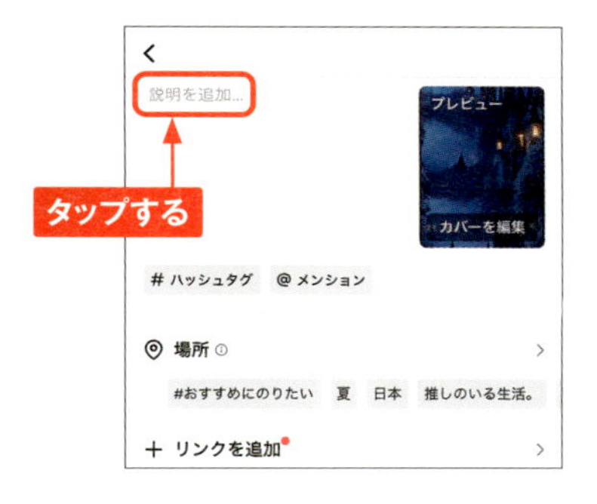

2 説明文を入力します。

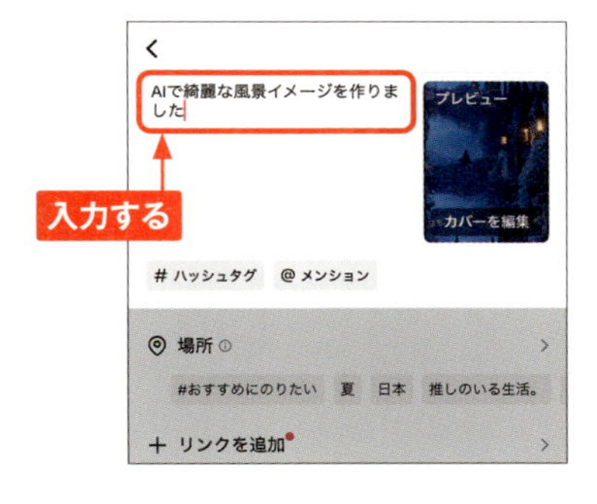

3 グレーの部分をタップします。

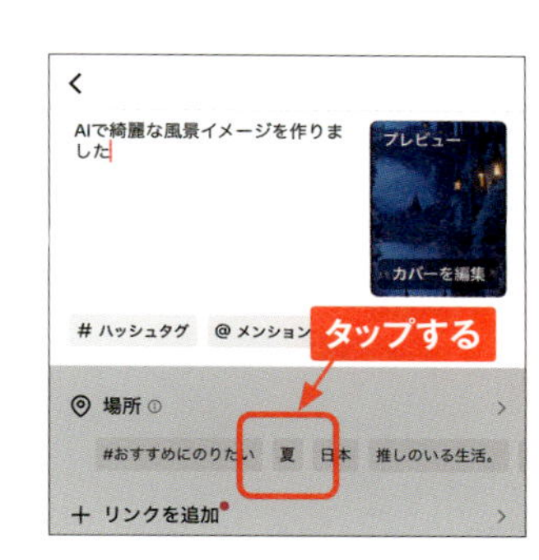

4 概要欄に表示される説明文の入力が完了します。

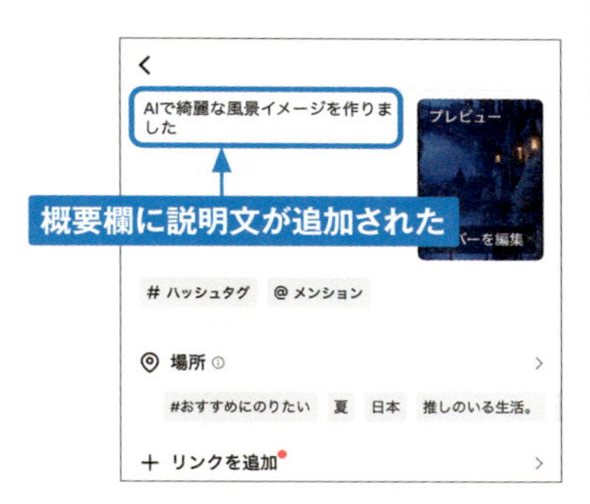

概要欄にハッシュタグを入れる

1 ［ハッシュタグ］をタップします。

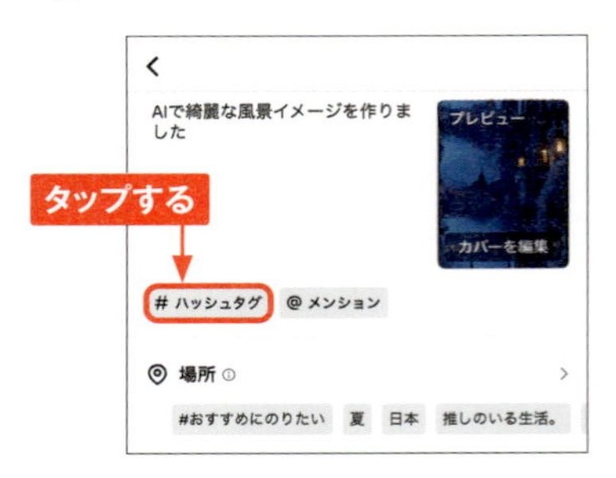

2 「#」が入力されます。

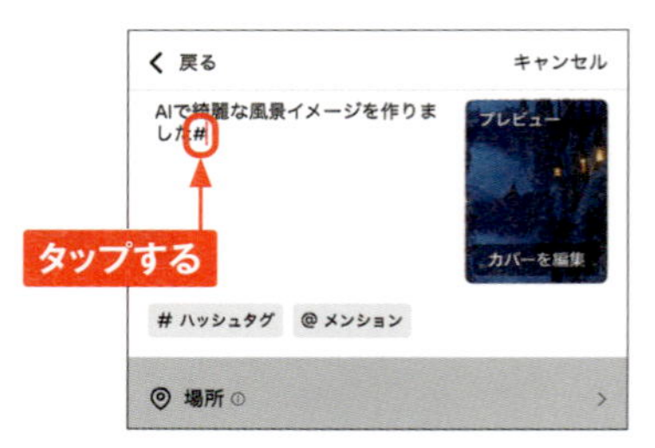

3 単語を入力し、候補からハッシュタグをタップします。

4 ハッシュタグが概要欄に入ります。

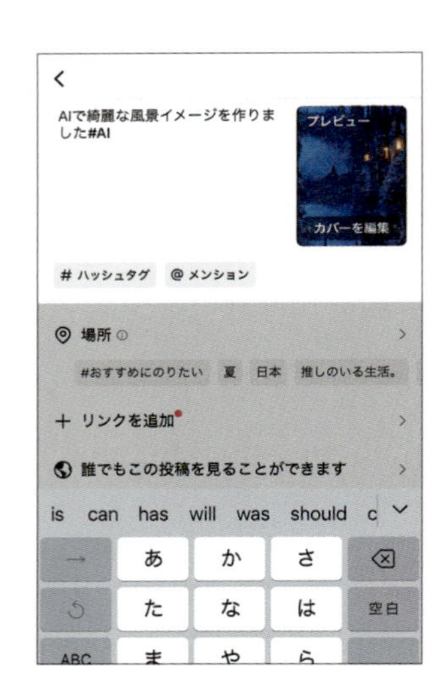

5 手順①～③をくり返してハッシュタグを追加します。グレーの部分をタップし、概要欄に表示されるハッシュタグの入力を完了します。

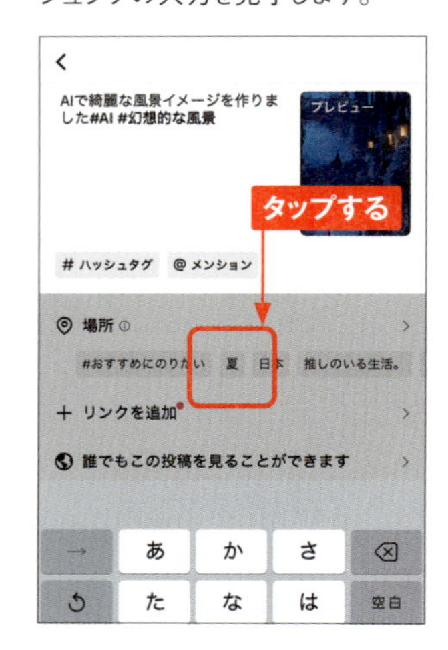

公開範囲を設定して投稿しよう

投稿した動画は、「レコメンド」タブの「おすすめ」フィードなどを通して世界中のユーザーに公開されます。友達だけに動画を表示させたい場合や非公開にしたい場合は、投稿時に公開範囲を変更できます。

公開範囲を設定する

1 ［誰でもこの投稿を見ることができます］をタップします。

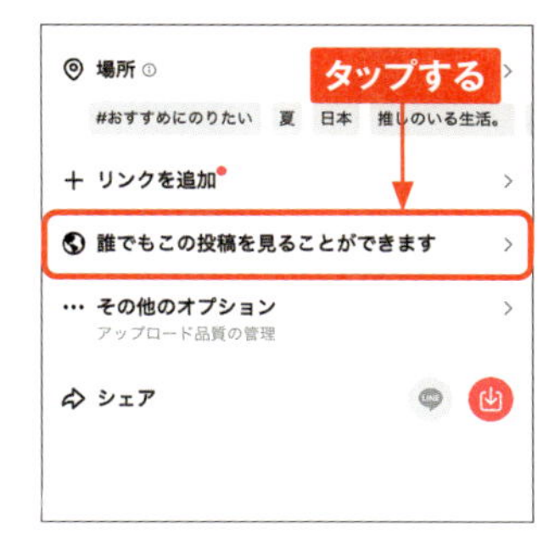

2 動画を見せられる範囲（ここでは［友達］）をタップして選択します。

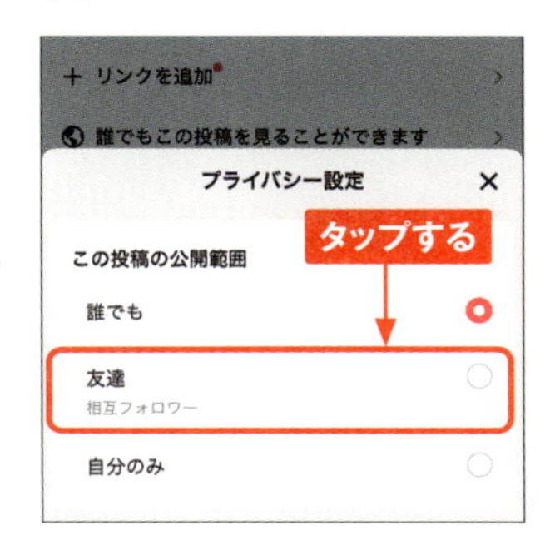

3 公開範囲が変更されます。右下の［投稿］をタップすると、動画が投稿されます。下書き保存したい場合は、P.94～95を参照してください。

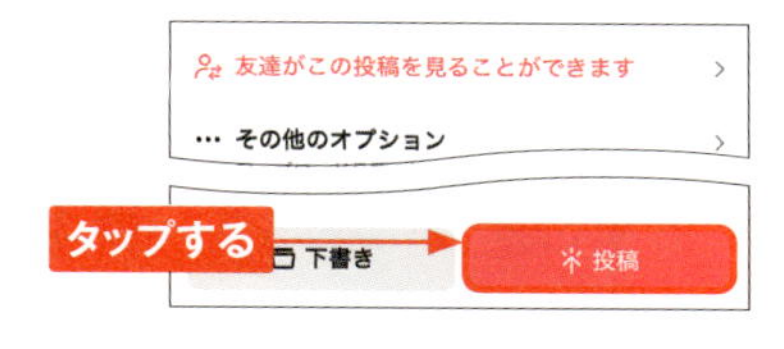

Memo そのほかの投稿設定

［その他のオプション］をタップすると、コメントのオン／オフなどの「プライバシー設定」や、AI生成コンテンツのラベル追加、視聴者制限のオン／オフなどの「詳細設定」の変更ができます。

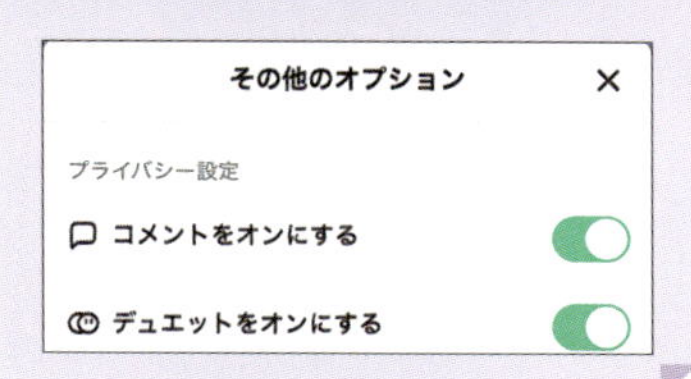

動画を撮影して投稿する流れを確認しよう

その場で動画を撮影して投稿する流れを紹介します。ここでは、撮影画面の解説もしているので覚えておくと便利です。スマートフォンのカメラで撮影した動画や、アニメーション動画を投稿したい場合の投稿の流れは、P.58から解説しています。

動画を撮影して投稿する流れを確認する

●動画の撮影（P.82 ~ 85参照）

動画を撮影します。その場で動画を撮影する場合は、撮影時にフィルターやエフェクトを設定することができます。次の動画の編集手順を飛ばしても、それなりの動画を作成して投稿することができます。

●動画の編集（P.60 ~ 74、P.86 ~ 93参照）

スマートフォン本体内の動画をアップロードするときと同様の、動画の編集ができます。

●動画の詳細の作成（P.75 ~ 79参照）

動画のカバーを設定したり、動画の概要を入力したりします。また、公開範囲を設定します。

●動画の投稿

動画の編集や詳細を設定したら、動画の詳細の入力画面から動画を投稿します。

撮影画面の見方（動画撮影時）

❶動画で使う楽曲を選択できます。ダンス動画など、音楽と動きを合わせる必要のある動画を撮影する際に便利ですが、周囲の音や声の録音はされません。

❷タップすると、インカメラとアウトカメラの切り替えができます。

❸タップすると、フラッシュのオン／オフを切り替えられます。

❹撮影開始のカウントダウンと撮影終了位置を設定して録画できます。

❺フィルターをかけられます。

❻動画の速度を変更できます。

❼顔を美しく加工できます。

❽録画時間を選べます。

❾エフェクトを設定できます。

❿録画を開始します。

Section 44

動画を撮影しよう

その場で動画を撮影して投稿してみましょう。身近で起こったおもしろい出来事をほかのユーザーにシェアできます。リアルタイム投稿で現在地を知られることが心配な場合は、下書き（P.94参照）を使って、あとで投稿するとよいでしょう。

動画を撮影する

1 ＋をタップします。

2 撮影する動画の長さを［10分］［60秒］［15秒］から選択してタップします。

3 ●をタップして動画撮影を開始します。

4 動画の長さ分の撮影が終了すると、自動的にP.87手順①の画面に切り替わります。■をタップすると、録画を一時停止できます。

5 撮影中に⌫をタップすると、撮影した動画を削除できます。✓をタップすると、ここまで撮影した動画でP.87手順①の画面に進みます。

カウントダウンで録画を開始する

1 P.82手順③の画面で⏲をタップします。

2 [3s] または [10s] をタップしてカウントダウンの秒数を選択し、[カウントダウンを開始] をタップします。

3 カウントダウンのあとで録画が開始されます。

Memo 速度を変更する

⏱をタップすると、動画再生時の速度を設定できます。たとえば、15秒の動画を撮影する場合、[2x] をタップすると撮影時間は30秒、[0.5x] をタップすると撮影時間は7.5秒になります。

Section 45

動画撮影時にフィルターを使おう

P.70では、本体内の動画や撮影後の動画にフィルターをかける方法を紹介しましたが、ここでは、フィルターをかけた状態で動画を撮影する方法を解説します。光の状態などに合わせてフィルターを調整できます。

動画撮影時にフィルターを適用する

① P.82手順③の画面で をタップします。

② フィルターが一覧で表示されるので、任意のフィルターをタップします。

③ をスワイプし、フィルターのかかり具合を調整します。

④ 上部の動画部分をタップします。手順①の画面に戻ります。

動画撮影時にエフェクトを加えよう

P.69では、本体内の動画や撮影後の動画にエフェクトを加えました。撮影時のエフェクトは、撮影後よりも種類が豊富です。画面を分割するエフェクトや顔にメイクを施したりアニメーション加工したりできるエフェクトがあります。

動画撮影時にエフェクトを利用する

1 P.82手順③の画面で左下のアイコン（エフェクト）をタップします。

2 任意のエフェクトをタップします。

3 エフェクトによっては、カメラが切り替わったり、上部の動画部分に指示が表示されたりするので、それに従います。

4 上部の動画部分をタップします。手順①の画面に戻ります。

第4章 動画を編集・投稿しよう

Section 47

編集に動画テンプレートを使おう

動画テンプレートを使うと、選んだテンプレートにもよりますが、楽曲やエフェクトが自動反映されます。動画テンプレートを適用すると、それまでに設定した楽曲やテキスト、ステッカーは削除されます。

動画テンプレートを適用する

① P.82手順⑤の次の動画撮影を終了して表示される画面で[アイコン]をタップします。

② 動画の処理が始まります。

③ おすすめのテンプレートが表示されます。任意のテンプレートをタップします。

④ 手順①の画面に戻る場合は［保存］、追加の編集をせず、概要欄などの詳細の入力画面に移動する場合は、［次へ］をタップします。

第4章 動画を編集・投稿しよう

Section 48

動画をもっと編集しよう

短時間の動画は、凝った編集をせず、気軽に投稿しても問題ありません。ただし、ほかのユーザーとの差を付けるためにもっと細かな編集がしたい場合には、編集画面でタイムラインや編集トラックを使いましょう。

編集画面を表示する

1 P.82手順⑤の次の動画撮影を終了して表示される画面で、をタップします。

2 編集画面が表示されます（P.88参照）。

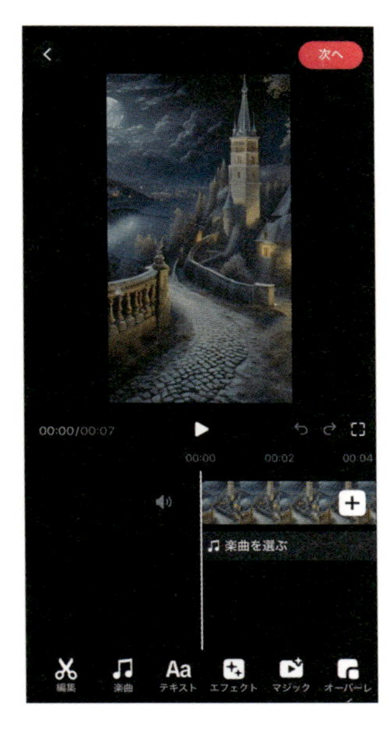

編集画面の見方

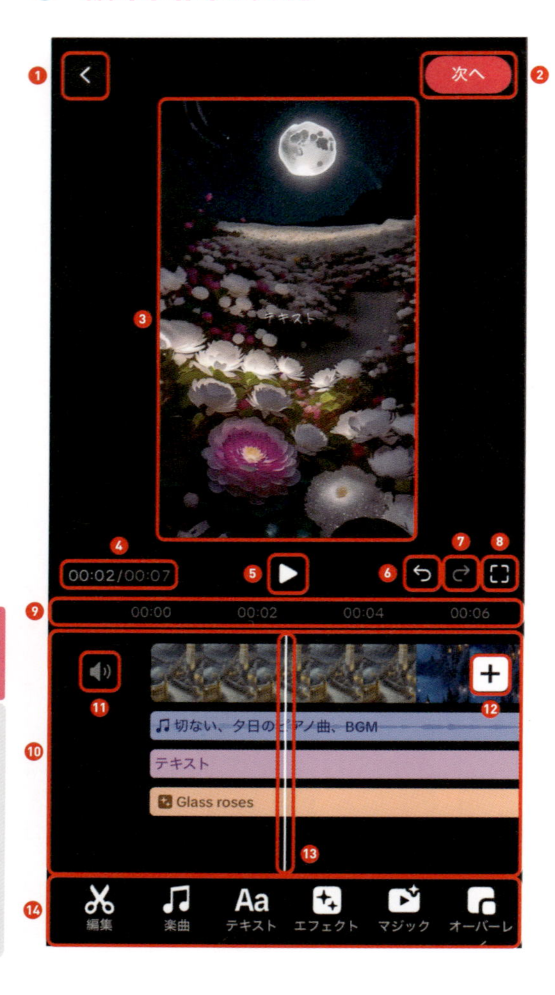

❶1つ前の画面に戻ります。

❷概要欄などの設定画面に進みます。

❸動画のプレビューが表示されます。

❹タイムコードが表示されます。

❺プレビューの再生／一時停止ができます。

❻編集を元に戻します。

❼編集をやり直します。

❽プレビューを全画面表示します。

❾タイムラインが表示されます。

❿編集トラックが表示されます。動画や楽曲、テキスト、エフェクトなどを追加するとトラックが増えます。

⓫タップすると、動画の音声をミュートできます。

⓬動画や写真を追加できます。

⓭再生ヘッドです。プレビューと連動しています。

⓮ツールバーが表示されます。各ツールをタップしたあとは、サブツールバーの表示に変わります。

タイムラインを拡大する／動画を全画面表示する

① タイムラインまたは編集トラックの黒い部分をピンチアウトします。

② タイムラインの間隔が広がります。フレーム単位で編集位置を調整したいときに便利です。

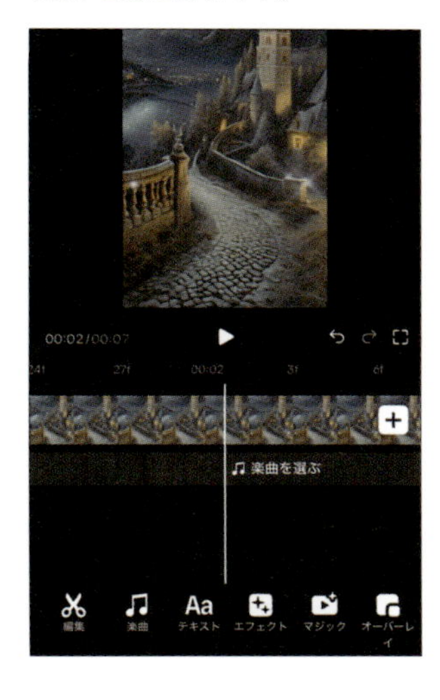

③ ［全画面］をタップします。

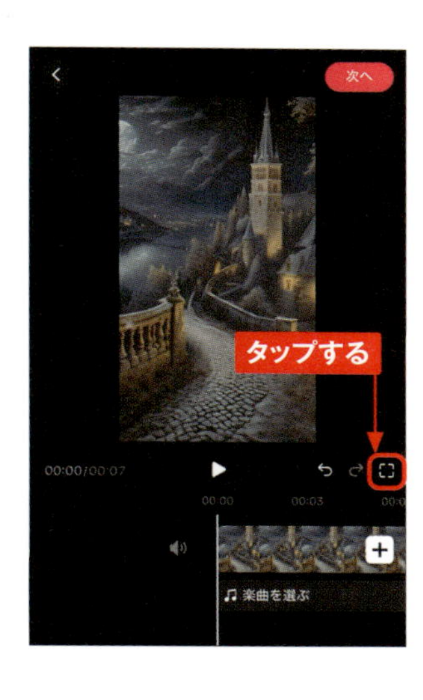

④ プレビューが全画面表示になります。▷をタップすると、再生が始まり、＜をタップすると、編集画面に戻ります。

効果音を入れよう

TikTokにはさまざまな効果音が準備されています。効果音を入れると、動画にメリハリが付きます。効果音によって視聴者の注意を惹くことができるので、最後まで飽きずに見てもらえる可能性が高まります。

効果音を入れる

1 編集トラックを左右にスワイプし、効果音を入れたい位置に再生ヘッドを合わせます。

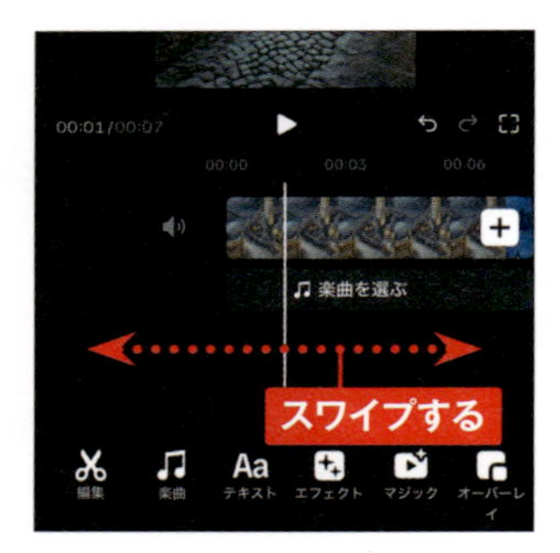

2 ［楽曲］→［サウンドエフェクト］の順にタップします。

3 効果音の名前をタップして音を確認し、［使う］をタップします。

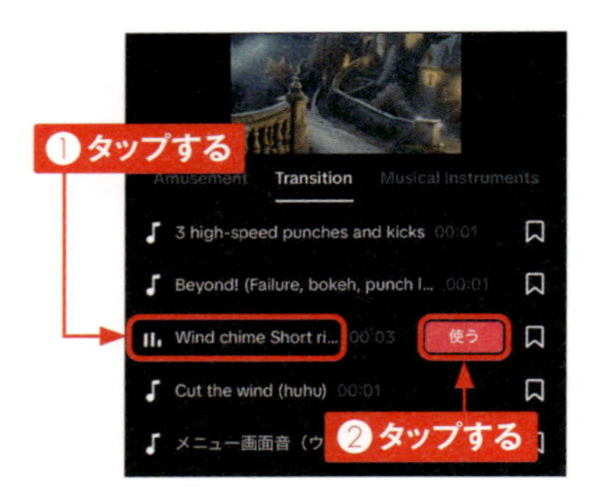

4 効果音が挿入されます。効果音をタッチしてドラッグすると、位置の移動、《と》を左右にスワイプすると、長さの調節ができます。

動画の長さを調整しよう

撮影した動画に投稿したくないシーンがある場合は、そのシーンをカットします。動画の前後に余計なシーンがある場合はスワイプ操作でかんたんにカットできますが、中間部分の場合は「分割」と「削除」の機能を組み合わせます。

動画の長さを調整する

1 動画クリップをタップします。

2 ‹を右にスワイプして動画の冒頭を短く、›を左にスワイプして動画の終わりを短くできます。

3 動画が短くなります。

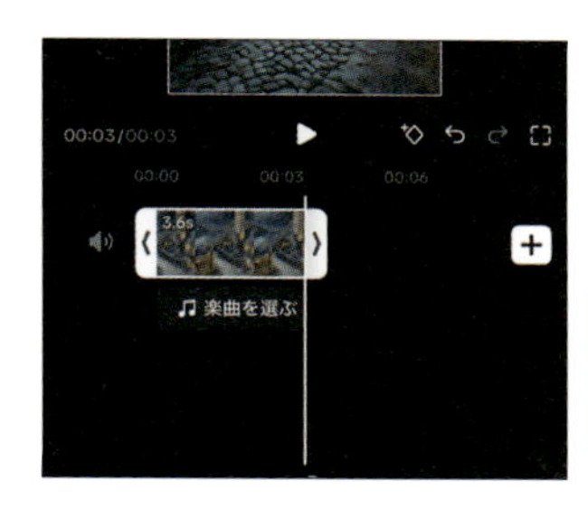

Memo 「編集」ツール

ここでは、手順①で動画クリップをタップしましたが、動画クリップに再生ヘッドが重なっている状態でツールバーの［編集］をタップすることでも手順②の画面になります。「編集」ツールには、現在の動画クリップと本体内の動画を交換できる「入れ替える」や、明るさなどを調整できる「調整」といった機能があります。

動画をカットして中間部分を削除する

1 P.91手順①の画面で、動画クリップをタップし、編集トラックを左右にスワイプして、再生ヘッドを分割位置に合わせます。[分割]をタップします。

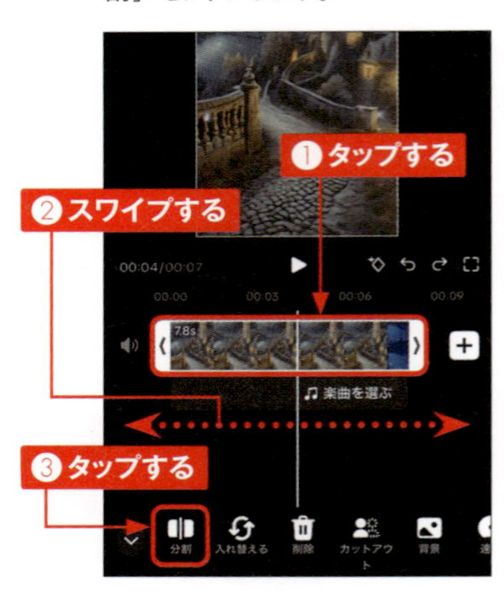

2 動画が分割されます。

3 編集トラックを左右にスワイプし、再生ヘッドを次の分割位置に合わせ、[分割]をタップします。

4 動画が分割され、動画クリップが3つになります。

5 分割した中央の動画クリップをタップし、[削除] をタップします。

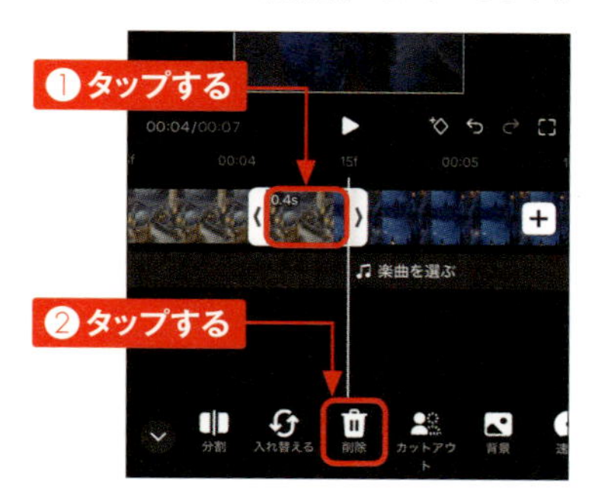

6 分割した中央の動画クリップが削除され、右側の動画クリップやテキストなどが左に移動します。

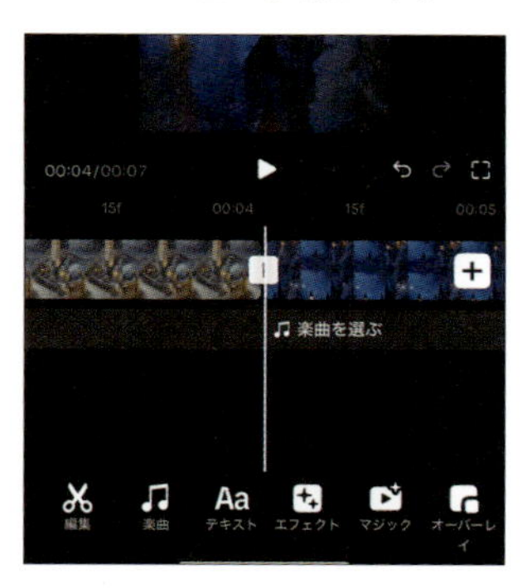

Memo トランジション

手順❹の画面のタイムラインではタイムラインの間隔が狭く、中央の動画クリップではなく、□をタップしてしまうことがあります。□をタップすると、動画クリップ間の切り替えエフェクトであるトランジションを設定する画面が表示されます。細かな作業が操作しにくいときは、P.89を参考にタイムラインを拡大しましょう。

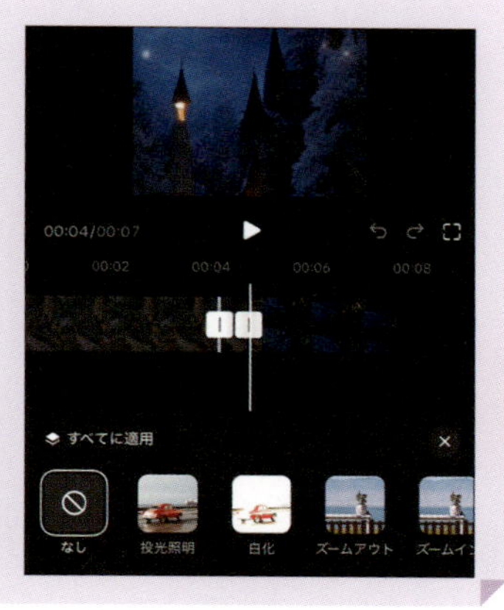

Memo 編集画面で使える機能

編集画面では、P.60 ～ 74で解説したテキスト挿入などの機能に加え、動画に追加の動きを加えられる「マジック」、動画の上に別の動画を重ねてワイプのようにできる「オーバーレイ」、楽曲に合わせて動画クリップの切り替えを自動で編集してくれる「サウンドシンク」などの機能が利用できます。

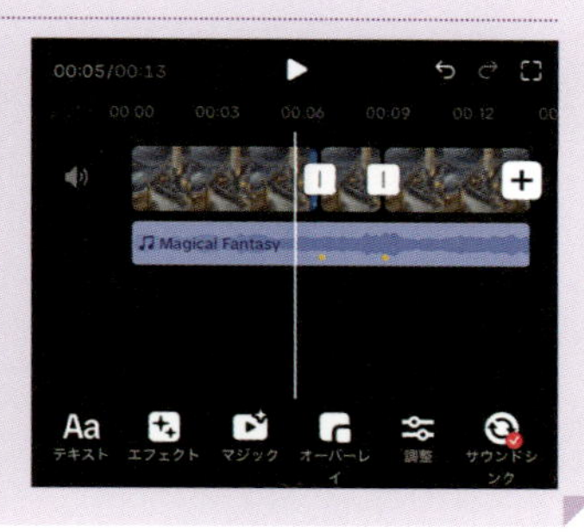

動画を下書き保存してあとで編集しよう

編集を途中で中断したいときは、動画の下書き保存ができます。編集を再開する場合は、「プロフィール」タブから各種編集の続きや概要欄の入力を始めます。下書きした動画を投稿しないことになったら、下書きの削除も可能です。

動画を下書き保存する

1 P.88の画面で右上の［次へ］をタップします。［下書き］をタップします。

2 下書きとして動画が保存されます。

編集を再開する

1 「プロフィール」タブの動画一覧の中から［下書き］をタップします。

2 下書き動画が一覧で表示されます。編集を再開する動画をタップします。

3 右側のアイコンから動画編集の続きを行います。

Memo 下書き動画の削除

手順②の画面で［選択］をタップし、下書き動画をタップして、［削除］をタップすると、下書き動画が削除されます。

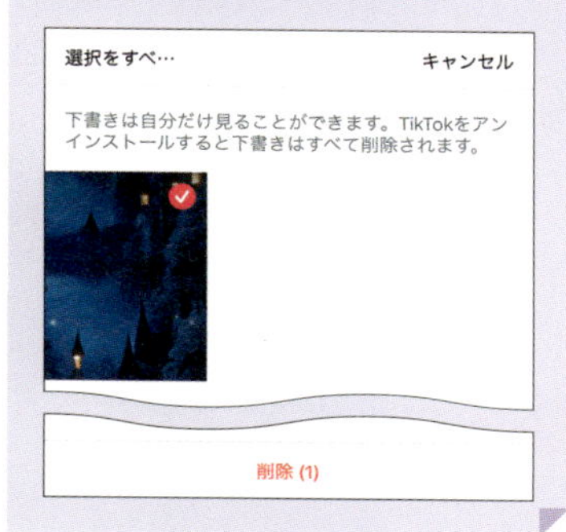

写真を投稿しよう

TikTokには、Instagramのように写真だけをカルーセル形式で投稿できる機能が備わっています。ここでは、1枚の写真を投稿する方法を紹介していますが、最大35枚の写真を1つの投稿で投稿することもできます。

本体内の写真を投稿する

① 撮影画面で右下のサムネイル(アップロード)をタップします。

② 投稿する写真をタップします。

③ 必要に応じて楽曲やテキスト、ステッカーの挿入、フィルターなどの編集をして、[次へ]をタップします。

④ 概要欄などを入力し、[投稿]をタップします。

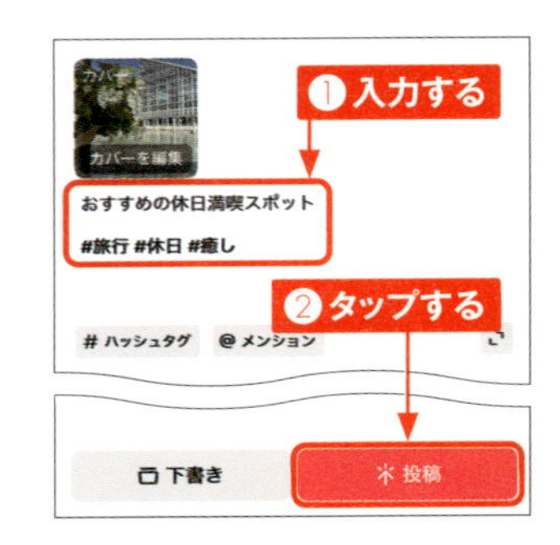

写真を撮影して投稿する

1 撮影画面で［写真］をタップします。

2 ◯をタップします。

3 撮影した写真を確認し、必要に応じて楽曲やテキスト、ステッカーの挿入、フィルターなどの編集をして、✓をタップします。

4 写真が投稿されました。

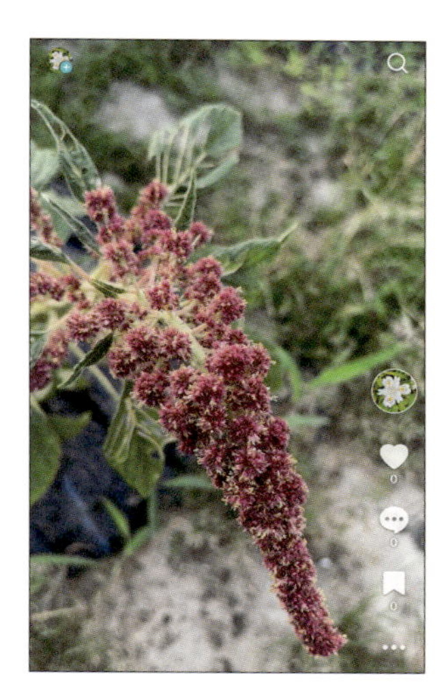

第4章 動画を編集・投稿しよう

Section 53

写真を動画にして投稿しよう

自動カットやテンプレートを使うと、静止画である写真に音楽に合わせた動きが加わります。動画を撮影しなくても、撮り貯めた写真だけで魅力的な映像がとてもかんたんに作成できます。

自動カット機能を利用する

1 P.96手順②の画面で画面左下の［複数選択］をタップします。

2 写真右上の●をタップして写真を選択し、［自動カット］をタップします。

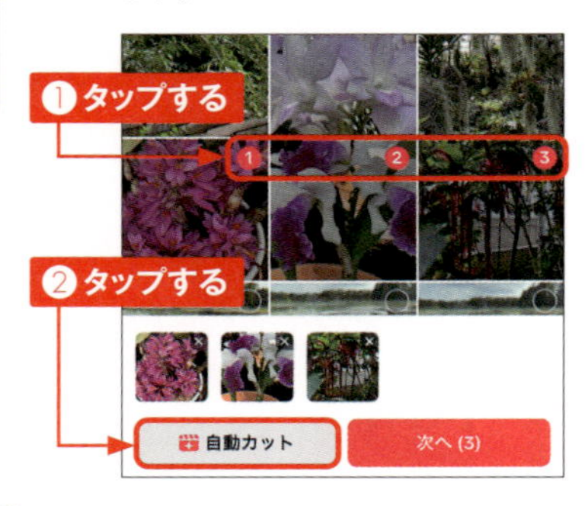

3 処理が終わると楽曲と動きの付いた、さまざまなテンプレートを選べるようになります。任意のテンプレートをタップし、［次へ］をタップします。

4 概要欄などを入力し、［投稿］をタップします。

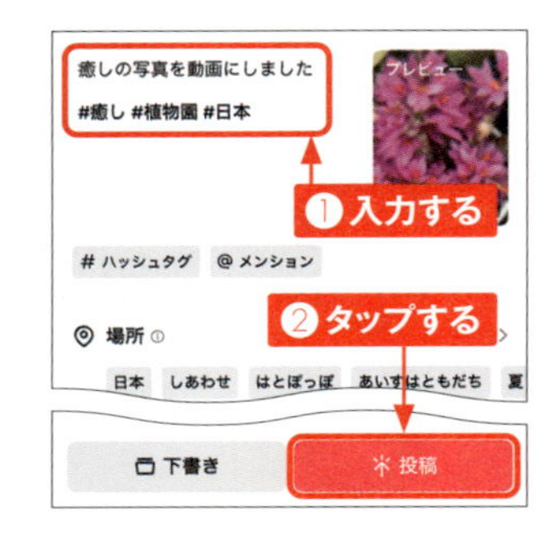

テンプレートを利用する

1 撮影画面で［テンプレート］をタップします。

2 画面を左右にスワイプしてテンプレートを選択し、［テンプレートを使う］をタップします。

3 写真右上の⊕を指定された枚数タップし、［次へ］をタップします。

4 テンプレートに合わせて写真に動きが付きます。［次へ］をタップし、概要欄などを入力して、［投稿］をタップします。

第4章 動画を編集・投稿しよう

テキストを投稿しよう

LIVE配信の告知やアカウントに関する発表、案内など、文字情報を投稿したい場面では、テキスト投稿機能が便利です。概要欄に記入するよりも視聴者の目に留まりやすいので、テキスト投稿もうまく活用してみましょう。

テキストを投稿する

① 撮影画面で［テキスト］をタップします。

② テキストを入力します。左側のスライダーを上下にスワイプしてフォントサイズの拡大／縮小ができます。テキストを装飾し、［完了］をタップします。

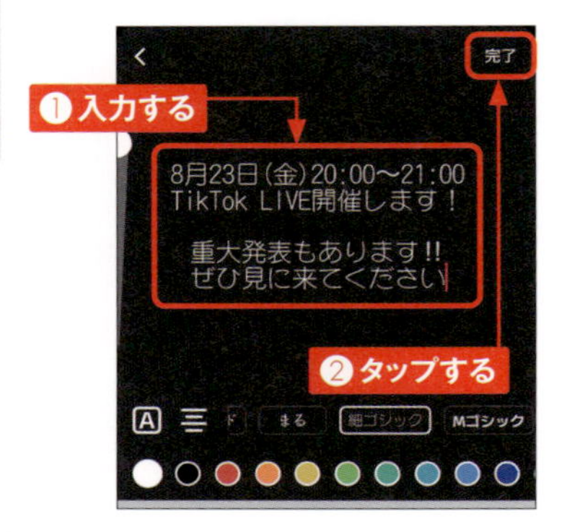

③ ◎をタップして背景カラーを変更できます。

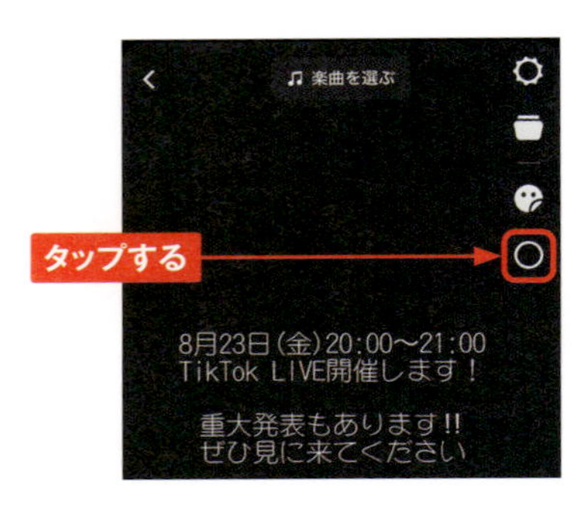

④ テキスト投稿では、楽曲の選択とステッカーの装飾が可能です。［フィードに投稿］をタップして投稿します。

ストーリーズを投稿しよう

投稿画面や「友達」タブ、「プロフィール」タブなど、TikTokではさまざまな場所から24時間だけ公開される「ストーリーズ」を投稿できます。ここでは、その場で撮影した動画をストーリーズに投稿する方法を紹介します。

ストーリーズを投稿する

1 P.82などを参考に動画を撮影します。

2 必要に応じて動画を編集し、[あなたのストーリーズ] をタップします。

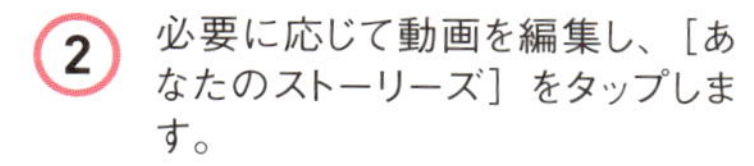

Memo ストーリーズを視聴／削除する

ストーリーズを投稿すると、「プロフィール」タブのプロフィール写真の周囲に水色の枠が表示されます。プロフィール写真をタップすると、自分が投稿したストーリーズを見ることができます。ストーリーズを表示した状態で画面を上方向にスワイプし、🗑→ [削除] の順にタップすると、24時間を待たずにストーリーズを削除できます。なお、TikTokのストーリーズには、表示が終了したストーリーズを投稿者が見返す機能がないので注意しましょう。

Section 56

投稿した動画を非公開にしよう

投稿した動画をあとから非公開にすることは、どのタイミングからでも可能です。動画を削除したくはないけれど、ほかのユーザーには見られたくないというときに設定しましょう。ここでは、動画の公開範囲を1本ずつ変更する方法を紹介します。

動画を非公開にする

1 「プロフィール」タブから非公開にしたい動画をタップし、…→［プライバシー設定］の順にタップします。

2 ［自分のみ］をタップします。

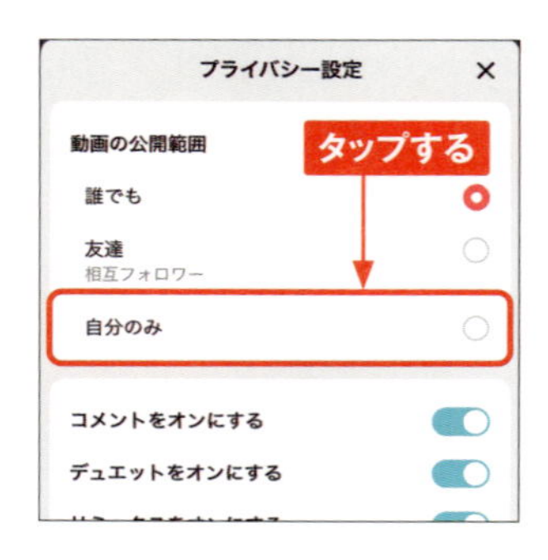

3 ×をタップします。

Memo 動画をまとめて非公開にする

「プロフィール」タブで≡→［設定とプライバシー］→［アクティビティセンター］→［投稿の公開範囲を管理する］の順にタップし、非公開にしたい動画をすべてタップして、［次へ］→［自分のみ］→［変更］の順にタップすると、動画をまとめて非公開にできます。

Section 57

投稿した動画を削除しよう

過去に投稿した動画がアカウントの方針に合わなくなってしまったときや、アカウントを間違えて動画を投稿してしまったときは、動画を削除する必要があります。動画を削除すると、その動画に付いた「いいね」やコメントも削除されます。

動画を削除する

1 「プロフィール」タブから非公開にしたい動画をタップし、…をタップします。

2 メニューを左方向にスワイプし、[削除]をタップします。

3 [削除]をタップします。

4 動画が削除されました。

Section 58

削除した動画を復元しよう

誤って動画を削除してしまった場合でも、30日間の猶予期間中であれば、復元できます。動画を復元すると、付けられた「いいね」やコメントも併せて復元されます。猶予期間を過ぎると動画が完全に削除されるため、注意しましょう。

削除した動画を復元する

1 「プロフィール」タブで≡→［設定とプライバシー］の順にタップします。

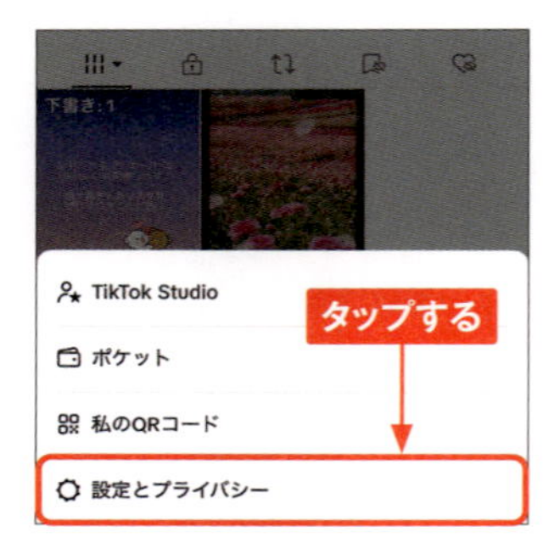

2 ［アクティビティセンター］→［最近の削除］の順にタップします。

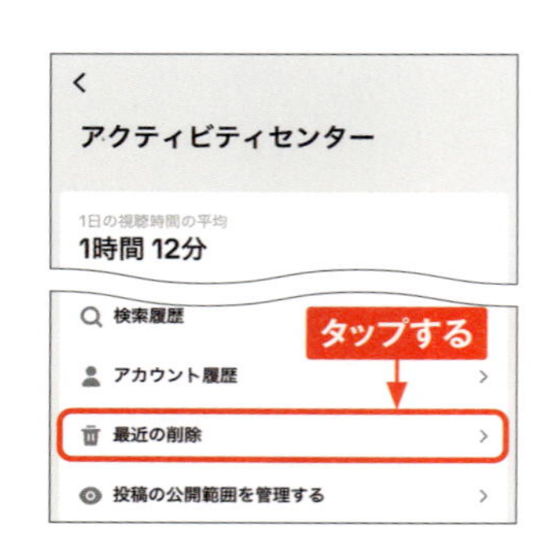

3 復元する動画をタップします。

4 ［復元］→［復元］の順にタップします。

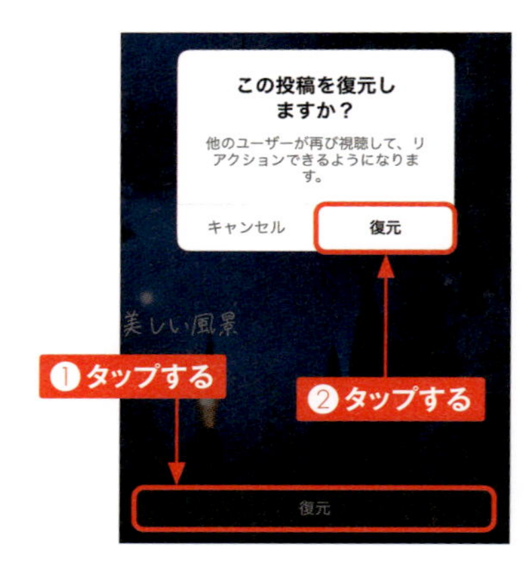

第5章

LIVE配信をしよう

LIVE 配信の条件を確認しよう

TikTok LIVEは、条件を満たせば、誰でも気軽に始められるライブ配信機能です。「TikTok」アプリだけで配信が可能です。視聴者とリアルタイムで、コメントやギフトのやり取りができ、新たなコミュニティがかんたんに広がります。

TikTok LIVEとは

TikTokには、アプリ中でリアルタイム配信できるLIVE機能が備わっています。日常配信、歌やダンス、ゲーム実況、料理、美容など、幅広いジャンルの配信が楽しめます。

・**インタラクティブ**：視聴者からのコメントにリアルタイムで返信したり、ギフトを受け取ったりといった、双方向のコミュニケーションが可能です。
・**コミュニティ形成**：同じ趣味を持つ人たちと交流したり、ファンとの絆を深めたりすることができます。
・**効果音やフィルター**：配信をさらに楽しくするさまざまな効果音やフィルターが用意されています。

TikTok LIVEの魅力

さまざまなクリエイターの配信を見ることで、新しい趣味や興味を発見するきっかけになります。また、世界中の人々とのつながりが得られ、友達の輪を広げることができます。そのほかにも、配信を通して、悩みを打ち明けたり、励ましの言葉をもらったりすることで、ストレス解消になったり、暇な時間を楽しく過ごせて日々の生活に彩りを加えてくれたりします。

●TikTok LIVEを始めるメリット

LIVE配信は、アカウントの認知度を高め、フォロワーを増やす効果が期待できます。個人であれば、独自のコンテンツを発信することで影響力を獲得し、インフルエンサーになるチャンスがあります。人気の配信者になると、ギフト収入や企業案件などで、収益を得ることも可能です。事業をしている場合は、お店や事業の販売促進につなげることもできます。

●TikTok LIVEを楽しむためのポイント

視聴者に楽しんでもらえるような、魅力的な配信内容を考えましょう。TikTokのトレンドを意識することで、より多くの視聴者に届けることができます。
配信では、視聴者からのコメントに積極的に返事・返信することで、コミュニティが活性化し、LIVEがより楽しくなります。定期的に配信することでも、視聴者とのつながりを深めることができます。
また、ほかのクリエイターとのコラボ配信（P.119参照）は、新しい視聴者を獲得するチャンスです。コラボ配信できる機会があれば積極的に活用してみましょう。

TikTok LIVEを配信する条件

LIVE配信を開始するには、以下の条件をすべて満たす必要があります。

18歳以上
フォロワー 50人以上

（2024年8月時点）

LIVE配信ができるようになると「LIVEを配信できるようになりました」とシステム通知が届きます。通知が届くまでは、LIVE機能が表示されません。また、フォロワーが50人になってすぐ開始できるというわけではないので、通知が届くまでは、ほかのLIVE配信に視聴者として参加したり、交流を深めコツコツとフォロワーを増やしたりしましょう。

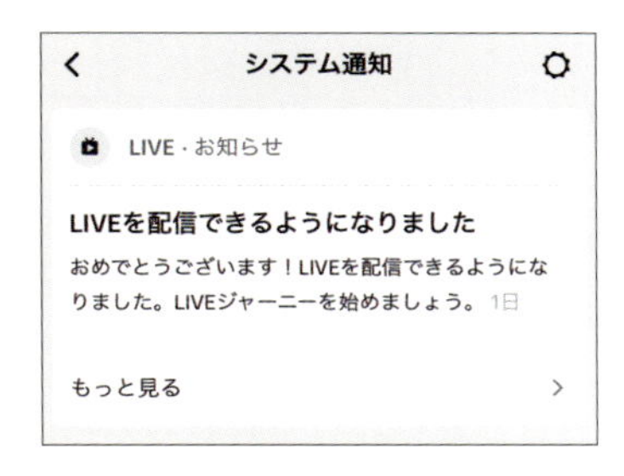

また、LIVE配信ができるようになっても、注意事項を守らないと、配信ができなくなってしまう可能性があります。コミュニティガイドラインに定められたTikTokのルールを守り、著作権やプライバシー保護に努めましょう。なお、「TikTok Lite」アプリ（P.11参照）ではLIVE配信を行えません。

LIVE配信をしよう

TikTokでLIVE配信を始めて、フォロワーとリアルタイムで交流しましょう。手軽な操作でスタートできるので、日常や特技を共有して新しいファンの獲得を目指せます。配信方法について確認していきましょう。

配信の準備をする

LIVE配信を行う際は、安定したインターネット接続を確保することが非常に重要です。LIVE中に接続が途切れると視聴者が離れてしまう可能性が高いため、Wi-Fi環境下など、できるだけ安定した通信環境を整えましょう。
次に、LIVEの内容やテーマを事前に計画しておくことが大切です。視聴者が興味を持つトピックを選び、そのトピックに基づいた話題や小道具などを用意しましょう。
そして、LIVE配信を行う場所を整えておくことも大事です。スマートフォンを安定して置くための三脚や、スマホスタンドを用意しておきましょう。また、部屋が暗い場合はライトなどの照明を準備して、明るい場所で撮影し、自分の顔がはっきり映るように照明を調整します。音声は基本的にスマートフォンが拾う音声で十分クリアに伝わりますが、周囲の雑音などはあらかじめチェックしておきましょう。なお、Bluetoothイヤホンではうまく音を認識しないことがあります。有線イヤホンの利用がおすすめです。これらの準備を整えることで、より魅力的なLIVE配信が実現します。

配信前画面を表示する

1 画面下部の ＋ をタップします。

2 ［LIVE］をタップします。

配信前画面の見方

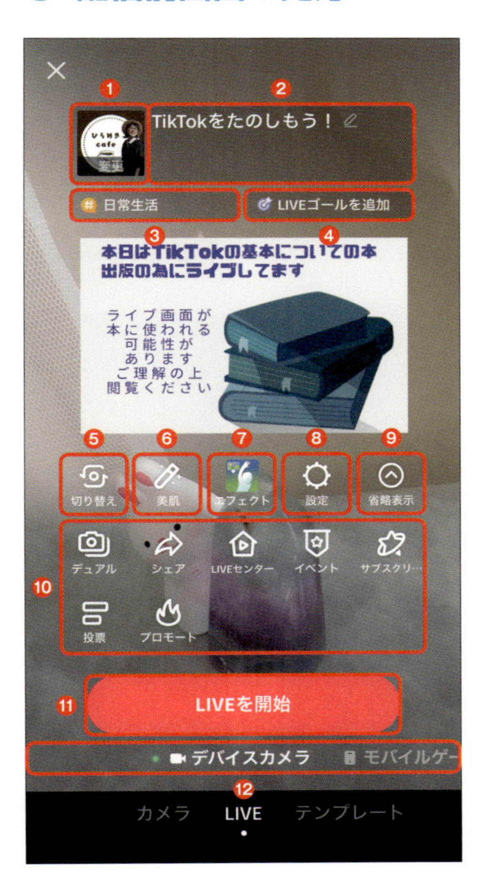

❶LIVE配信のカバー（アイコン）を設定できます。

❷LIVE配信のタイトルや概要を設定できます。

❸トピック（配信内容）を追加できます。

❹LIVEゴール（欲しいギフト）を追加できます。

❺タップすると、インカメラとアウトカメラの切り替えができます。

❻顔を美しく加工できます。

❼エフェクトを設定できます。

❽LIVE配信の設定を変更できます。

❾LIVE配信の設定メニューの表示を少なくできます。

❿LIVE配信の主な設定メニューがアイコン表示されます。

⓫LIVE配信を開始できます。

⓬配信方法の切り替えができます。

設定して配信を開始する

配信前画面からは、LIVE配信に関するさまざまな設定ができます。とくに設定をしなくても配信を始められますが、ここではおすすめの設定を紹介します。

1 LIVE配信の概要を設定します。各項目をそれぞれタップすることで、カバーの設定や概要の入力ができます。また、その下の「トピックを追加」からは配信内容の選択、「LIVEゴールの追加」からは欲しいギフトの設定が可能です。

2 設定メニューの［切り替え］をタップすると、インカメラに切り替わります。また、［エフェクト］から好きな背景や加工が選べます。

3 設定メニューの［美肌］をタップすると、顔を美しく加工することができます。調整したい項目をタップし、スライダーを左右にスライドして、自分の好みに合わせて設定しましょう。

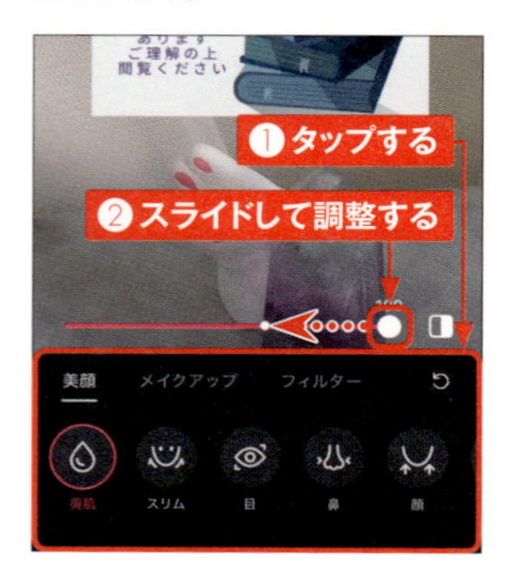

Memo デュアル機能

手順❷の画面で［デュアル］をタップすると、インカメラとアウトカメラの両方が起動します。自分と目の前の物を両方映したいときに便利です。

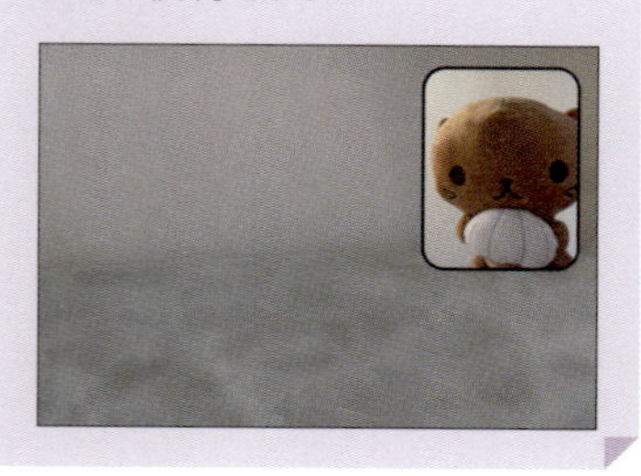

4 設定が完了したら、[LIVEを開始]をタップします。

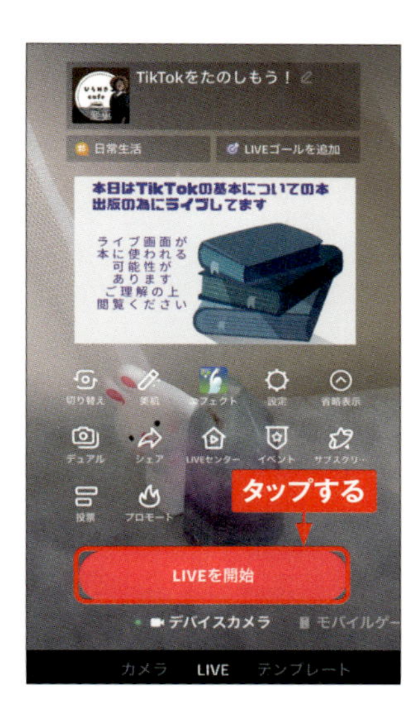

5 3秒のカウントダウンが始まります。

6 LIVE配信がスタートします。

Memo 配信方法の違い

ゲーム配信の場合は、[デバイスカメラ]から[モバイルゲーム]に配信方法を切り替えます。[LIVEを開始]をタップすると、画面共有の設定画面が表示されるので、画面の指示に従って実況するゲームの配信準備をします。また、パソコンでの配信は[LIVE Studio]を選択します。

Section 61

配信を停止しよう

配信中にトラブルが起こったときや、配信を終了したいときは、スムーズに配信を停止できることが大切です。しかし、最初は停止ボタンの位置や操作方法がわかりにくく戸惑ってしまうことがあります。事前に停止方法をしっかりと確認しておきましょう。

配信を一時停止する

① LIVE配信中の画面で、右下の［もっと］をタップします。

② ［LIVEを一時停止］をタップします。

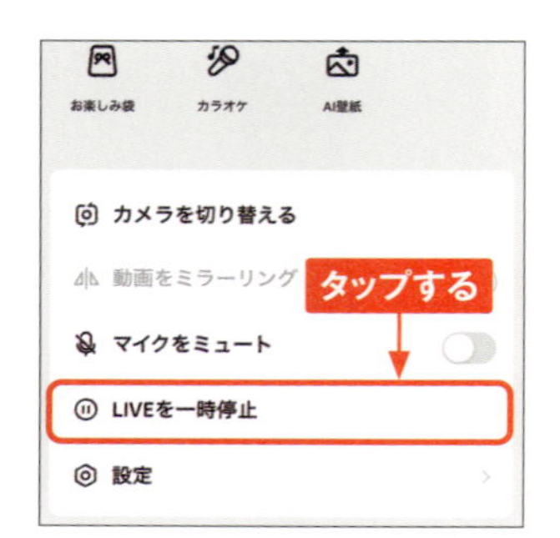

③ ［一時停止］をタップします。

④ 画面にカウントダウンが表示されます。［再開］をタップすると、LIVEが再開されます。カウントダウンを過ぎるとLIVEは自動的に終了します。

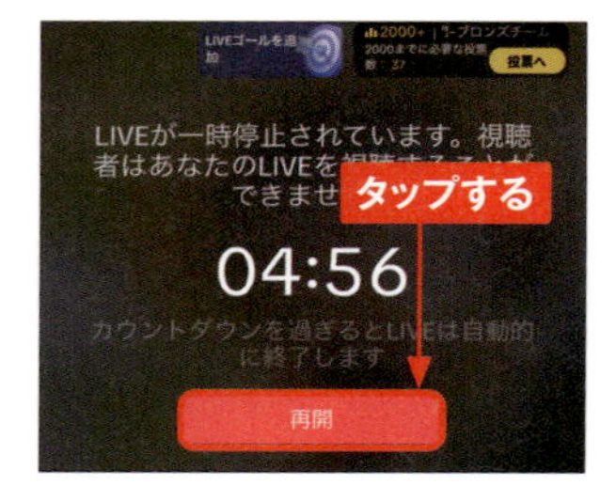

配信を終了する

1. LIVE配信中の画面で、右上の ⏻ をタップします。

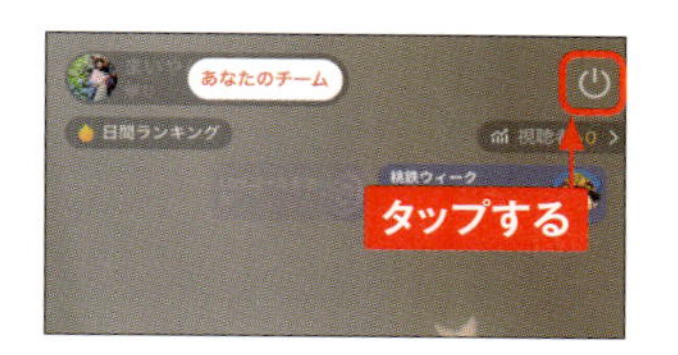

2. ［今すぐ終了］をタップします。

配信を終了するタイミング

TikTok LIVEの終了のタイミングを事前に決めておくことは、よりスムーズで計画的な配信を行う上で非常に有効な手段です。終わりの時間を決めておくことで、配信内容を効率的に構成することができ、配信後の作業やプライベートな時間を確保できます。また、終了のタイミングが決まっていることで、視聴者に安心感を与え、満足度向上につながります。「○○時から○○時まで」のように、具体的な終了時刻を決めたり、「ギフトのバラ○本届くまで配信」など、目標を達成したら終了としたり、企画の内容が終了したら、自然な流れで配信を終わらせたりと、終了のタイミングを決める方法はいくつかあります。配信内容や視聴者の反応、自分の体力、ほかのイベント・予定などによって終了するタイミングを調整しましょう。視聴者へは、配信の開始時はもちろん、配信中にもアナウンスして視聴者が計画的に視聴できるようにします。終了間際には、配信の締めくくりとして、視聴者への感謝の言葉などを伝えましょう。

Memo 配信を一時停止するメリット／デメリット

TikTok LIVEの一時停止機能は、緊急事態への対応や長時間配信する際の休憩、次の配信内容の準備時間など、配信を円滑に進める上で非常に便利な機能です。また、誹謗中傷などのコメントに悩まされた際、一時停止することで冷静になり、再び配信に集中することが可能です。しかし、使い方によってはデメリットを生み出す可能性があります。一時停止中に視聴者が離れてしまったり、配信のテンポが落ちてしまったり、視聴者の不満につながってしまったりといったことが考えられるので、再開時には視聴者に何があったのかを説明し、感謝の言葉を伝えることが大切です。状況に合わせて適切に活用することで、よりよい配信を続けましょう。

Section 62

コメントを制限しよう

配信中に、コメントに対応できない状況になったり、批判的なコメントが続いたりした場合は、そのユーザーをブロックすることができます。ブロックすることで、そのユーザーからのコメントが表示されなくなり、円滑な配信を続けることができます。

配信中のコメントをオフにする

① コメントをオフにしたいユーザーをタッチします。

② ［アカウントをミュート］をタップします。

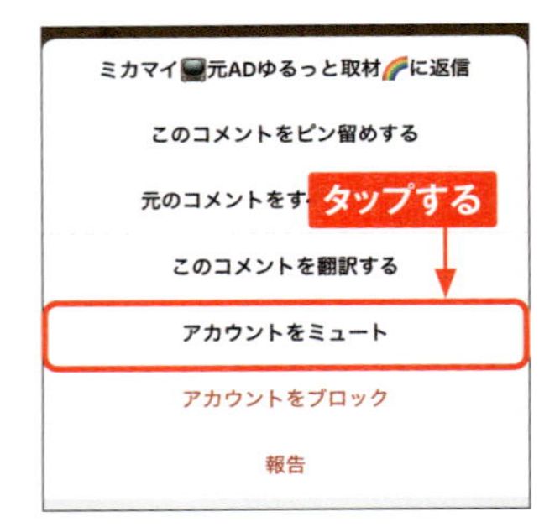

Memo アカウントをミュート／ブロックされると

ミュートされたユーザーには、ミュートされたことが通知され、一定時間コメント投稿ができなくなります。ミュートを解除するか、ミュート期間が終了するまで、このユーザーはコメントを送信できません。ただし、ミュートされたユーザーはコメントができなくなるだけで、LIVEの視聴は引き続き可能です。また、荒らし行為などをするユーザーがいた場合には、手順②の画面で［アカウントをブロック］をタップして、アカウントをブロックできます。ブロックされたユーザーは、ブロックを解除しない限り、LIVEを一切視聴できません。なお、ブロックしたことは本人に通知されます。LIVEが荒らされると、配信者はモチベーションが下がり、視聴者にも迷惑がかかります。くり返し迷惑行為をするユーザーは、積極的にブロックしましょう。

コメントにフィルターをかける

1 配信前画面で、［設定］をタップします。

2 ［コメントの設定］をタップします。

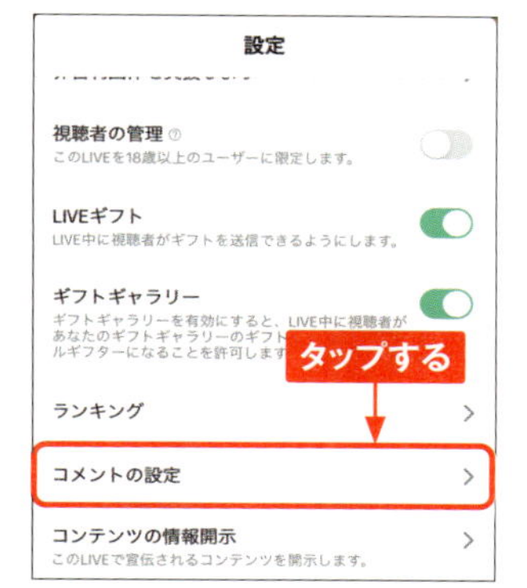

3 ［コメントをフィルターする］をタップします。

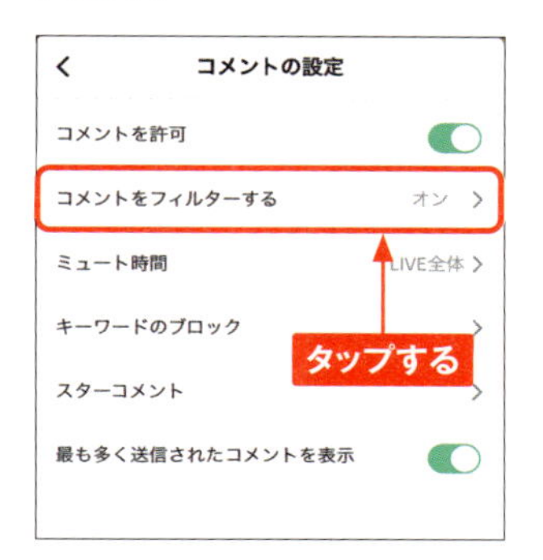

4 フィルターの種類を選択します。3種類のフィルターすべてにチェックを入れると、より安全なコメントのみ表示されますが、コメントが消される可能性も多くなります。

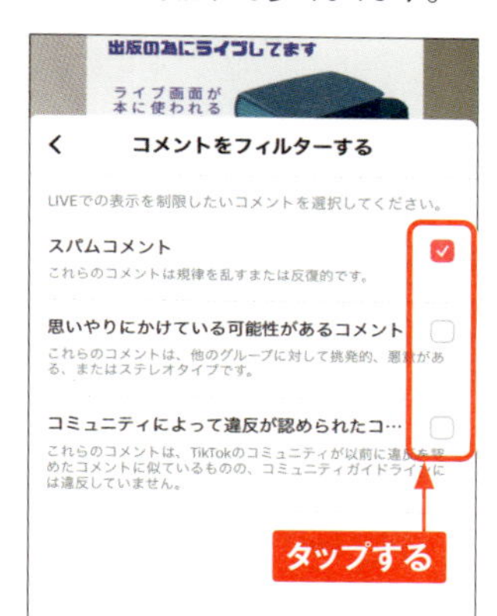

Memo 配信中に設定する

配信中の画面からコメントにフィルターをかける場合は、P.112手順②の画面で［設定］をタップし、手順②以降と同様の操作でフィルターをかけます。

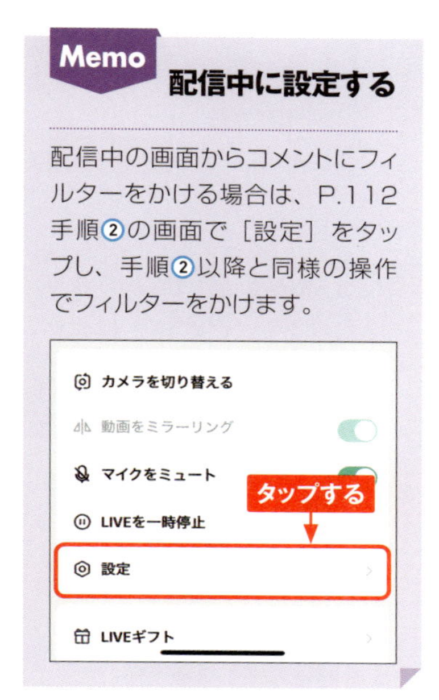

Section 63

音声を一時的にミュートしよう

周囲が騒がしい場合や、一時的に話したくない場面に遭遇したとき、プライバシーを守りたいときなど、音声をミュートしたい場面は多くあります。視聴者に不快な音声を聞かせることなく、スムーズな配信を心がけましょう。

マイクをミュートにする

① P.112手順②の画面で「マイクをミュート」のをタップします。

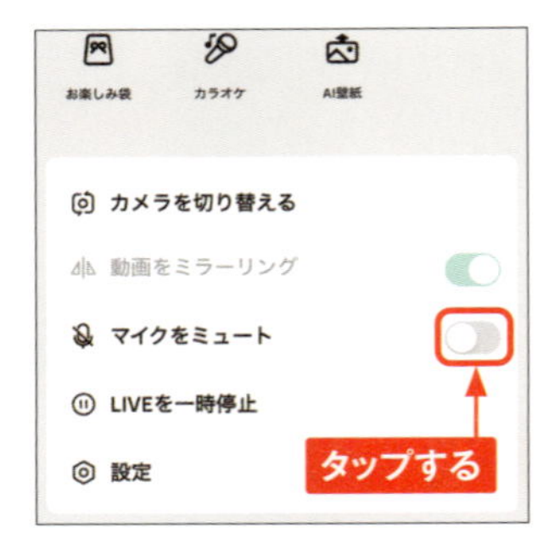

② ミュートがオンになり、自分のアイコン画像の右下にミュートのアイコンが表示されます。

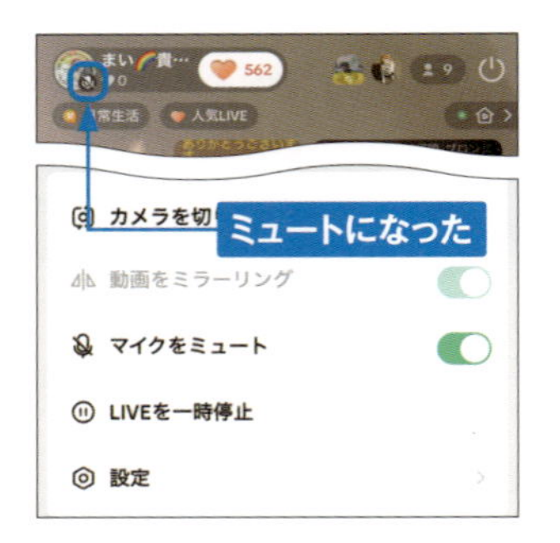

③ 画面下部の「マイクをミュート」のをタップすると、マイクがオンになります。

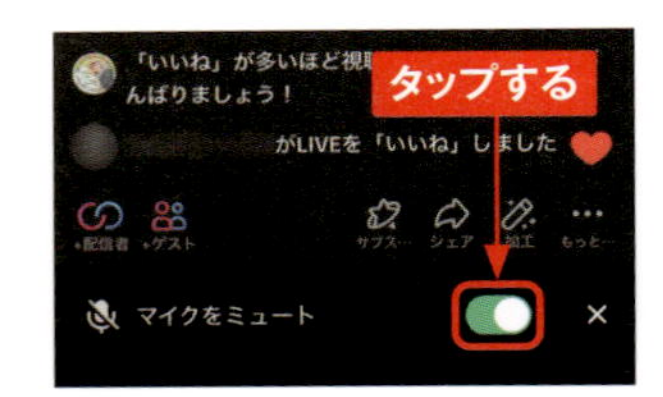

Memo ミュートを活かした配信

メイクアップチュートリアルや料理、アート制作といった集中して作業したいときの配信や、外出先で周囲の音が気になるとき、周囲のBGMをカットして著作権の問題を避けたい場合などにミュートを利用します。ミュート中は、音声がない分、視覚的な情報で視聴者を惹き付ける工夫が必要です。ただし、視聴者のコメントにすぐ返事できない点には注意しましょう。

Section 64

モデレーターを追加して助けてもらおう

TikTok LIVEでは、配信をスムーズに進めるためにモデレーターをつけることができます。モデレーターは、配信を円滑に進めるためのサポートを行います。これにより、配信者はコメントに気を取られることなく、LIVEに集中することができます。

配信前にモデレーターを追加する

1 配信前画面で、［設定］をタップします。

2 ［モデレーター］をタップします。

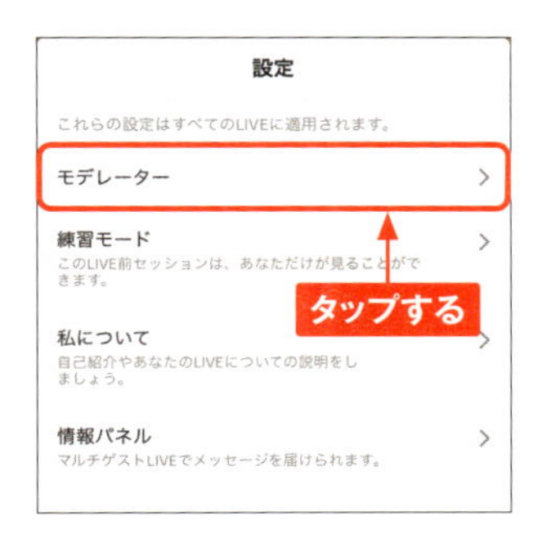

3 ［モデレーターを追加］をタップし、友達一覧からモデレーターにしたい人の［追加］をタップして、権限を確認してから［確認］をタップします。

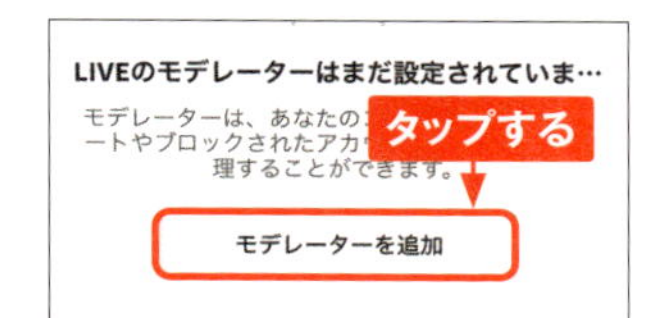

Memo モデレーターの主な役割

モデレーターがいることで、より安全で快適なLIVE配信環境を作ることができます。モデレーターに求められる役割は、コメントの監視、配信のサポート、コミュニティ管理などです。信頼できる人にモデレーターをお願いしましょう。一般的に視聴者数が多いほど、モデレーターの必要性は高まりますが、必ずしもモデレーターがいるわけではありません。

配信中にモデレーターを追加する

① LIVE配信中の画面で、右下の［もっと］をタップします。

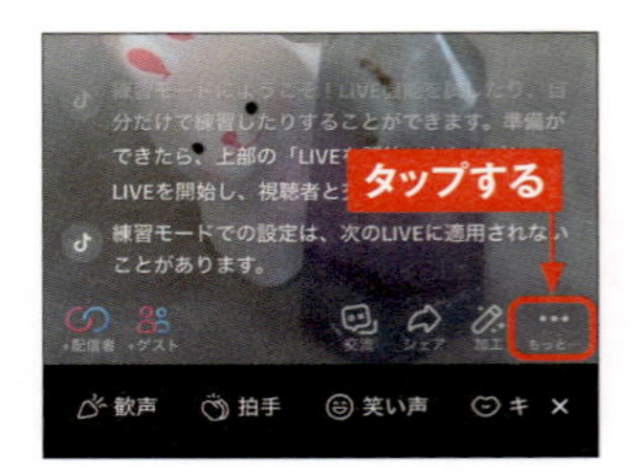

② ［設定］をタップします。

③ ［モデレーター］をタップします。

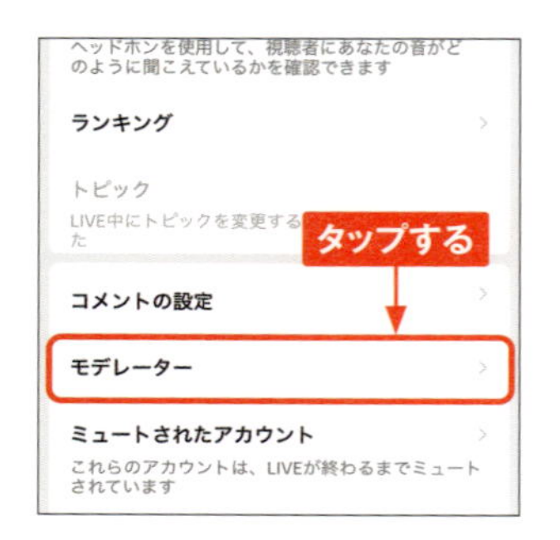

④ モデレーターの権限を確認します。権限を与える項目をオンにし、［確認］をタップします。

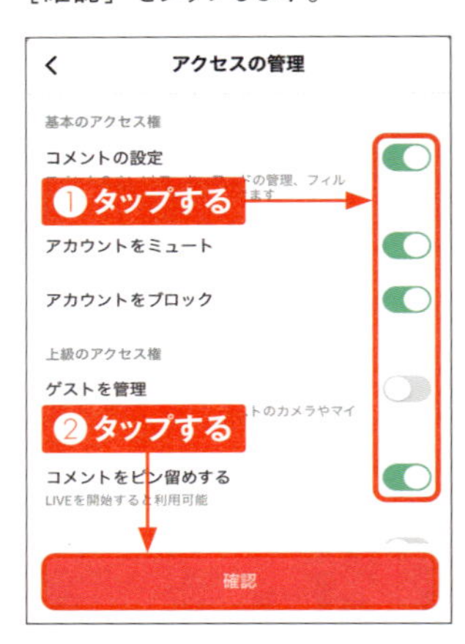

⑤ ［モデレーターを追加］をタップします。

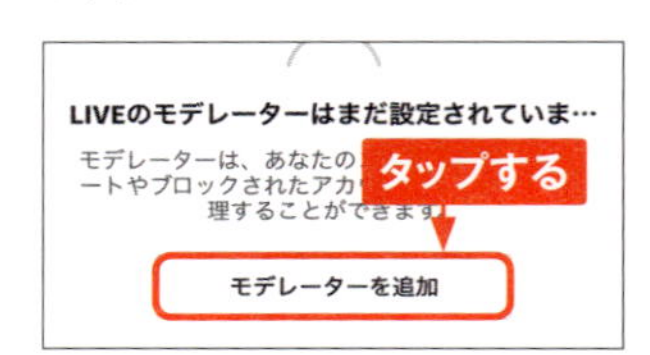

⑥ ［モデレーターを追加］をタップします。

第5章 LIVE配信をしよう

Section 65 ほかのユーザーとコラボレーションしよう

ほかのユーザーとコラボレーションすると、お互いのフォロワーにLIVEを見てもらえ、視聴者数アップ・フォロワー獲得につながります。コラボを通して、配信スキルやモチベーションの向上にもなり、クリエイターとしての成長を促します。

コラボ配信／マルチゲスト配信とは

「コラボ配信」は、基本的には2人の配信者（クリエイター）が協力して配信を行う形式です。各クリエイターが自分のアカウントから同時に配信を行い、お互いの配信画面に相手の配信が映し出されます。視聴者は、どちらのクリエイターのアカウントからでも配信を見ることができ、両方の様子を確認できます。

「マルチゲスト配信」は、1人のメインのクリエイターが配信を行い、そこに複数のゲストを招待する形式です。3人以上のコラボ参加が可能です。メインのクリエイターのアカウントからのみ配信されるため、視聴者はメインのクリエイターのアカウントから配信を見ることになります。ゲストは、メインのクリエイターの画面内に小さな枠で表示されることが多いです。

どちらを選ぶべきかは、配信の内容や目的によって異なります。対談形式や企画を一緒にやりたい場合は、コラボ配信がおすすめです。一方、複数のゲストを招いてLIVEを盛り上げたい場合は、マルチゲスト配信がおすすめです。どちらの形式を選ぶにしても、事前にゲストとの連携をしっかりと行い、スムーズな配信ができるように準備することが大切です。

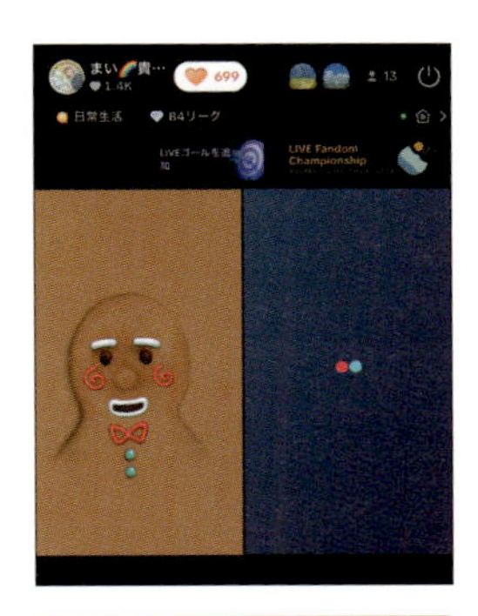

コラボ配信

マルチゲスト配信

コラボ配信に招待する

① LIVE配信中の画面で、左下の［配信者］をタップします。

② 現在LIVEをしていてコラボができる人が表示されます。コラボ相手を見つけたら［招待］をタップします。

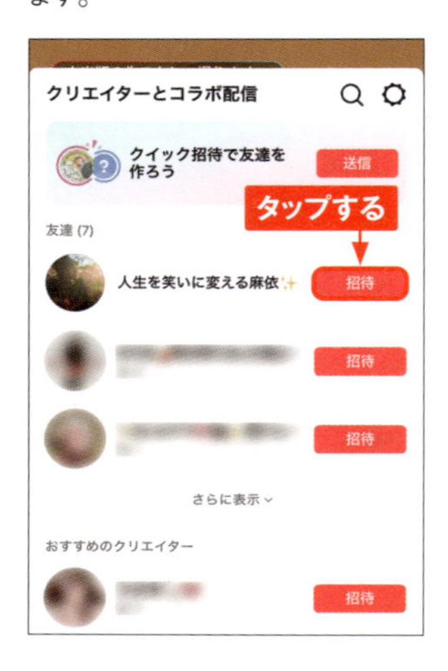

③ 相手が招待を承諾すると2画面になり、コラボ配信が開始されます。

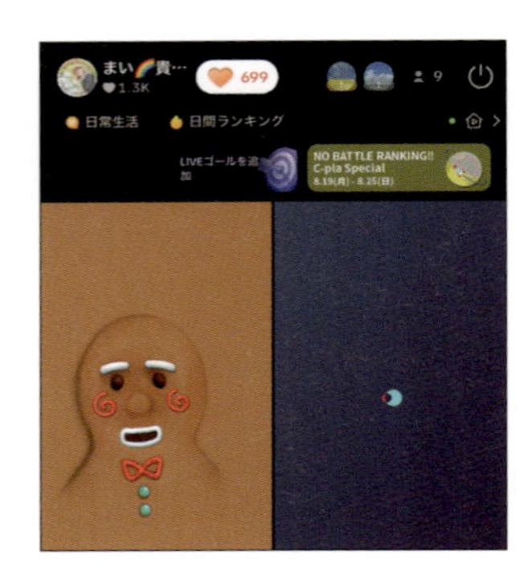

Memo LIVEステージ

コラボ配信など、一部の配信方法は、LIVEのステージにより制限される場合があります。ステージは、「LIVEクリエイター成長プログラム」で確認できます。配信前画面で「完了までのタスク」というバナーをタップすると、ステージ完了までのタスクを確認でき、「120分間LIVEを配信」「3日間にわたってLIVEを配信」などの条件をクリアしていくことでステージが上がります。

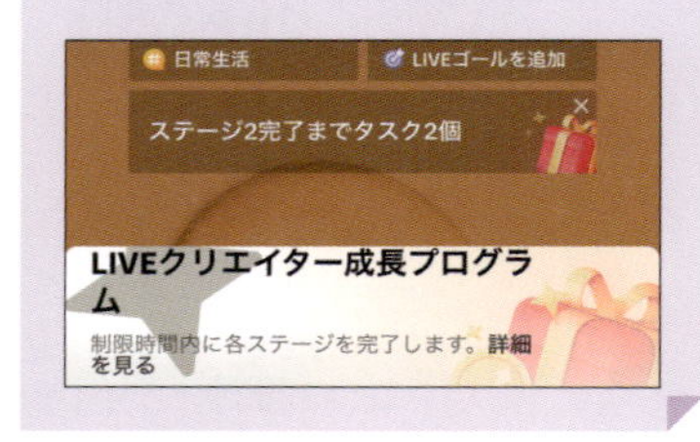

マルチゲストを招待する

① LIVE配信中の画面で、左下の［ゲスト］をタップします。

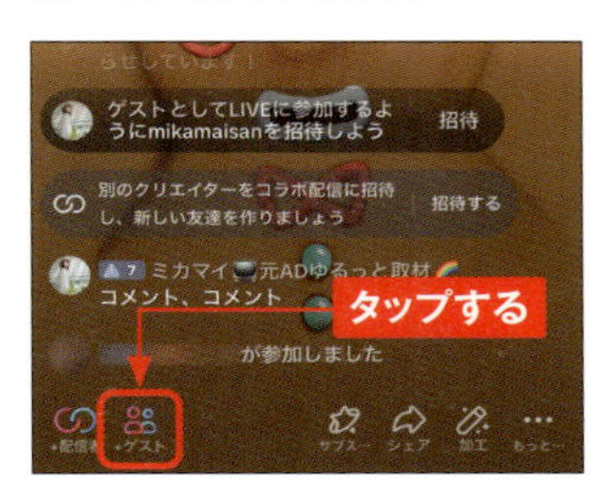

② ゲストに招待したい相手を見つけたら［招待する］をタップします。

③ 相手が承認すると、ライブの右下に表示されます。

④ レイアウトを変えたい場合は、手順②の画面で⚙をタップします。

⑤ 「レイアウト」から任意の配置をタップします。

Memo ゲストのリクエストを承認する

視聴者がマルチゲストとして参加した場合、配信者にはリクエストが届きます。リクエストが届くと、手順①の画面の［ゲスト］に数字が表示されるのでタップし、手順④の画面で「○件のゲストからのリクエスト」の［承認する］をタップします。

Section 66

LIVE 配信を宣伝しよう

LIVE配信の宣伝機能は、視聴者増やエンゲージメント向上につながる重要なツールです。事前に告知することで、多くの人に配信を知ってもらい、コミュニティ形成やファンとの絆を深めることができます。

イベントを作成する

1 「プロフィール」タブで≡をタップし、[TikTok Studio] をタップします。

2 [LIVE] → [LIVE Events] の順にタップします。

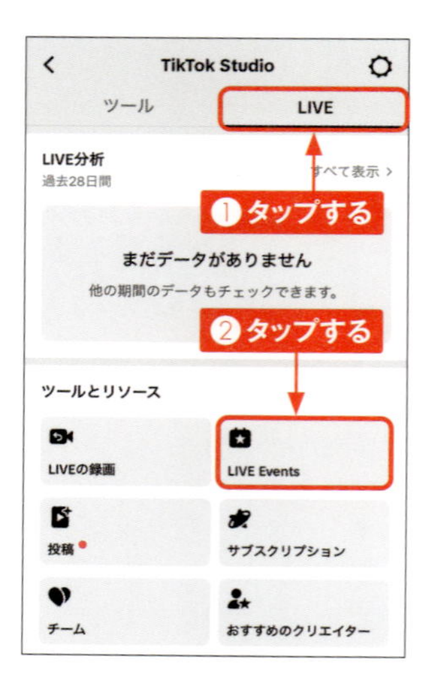

3 [イベントを作成] をタップします。

4 「イベント名」「開始時刻」「説明」を入力し、[作成] をタップします。「タイプ」を「限定」にすると、LIVEを視聴するための料金を設定でき、収益化が可能です。

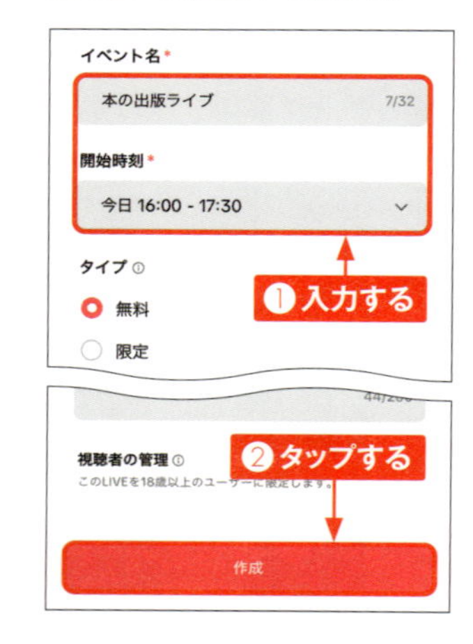

⑤ 作成したイベントの「イベント詳細」画面が表示されます。開始時刻の10分前になると、画面下部の［LIVEを開始］がタップできるようになります。

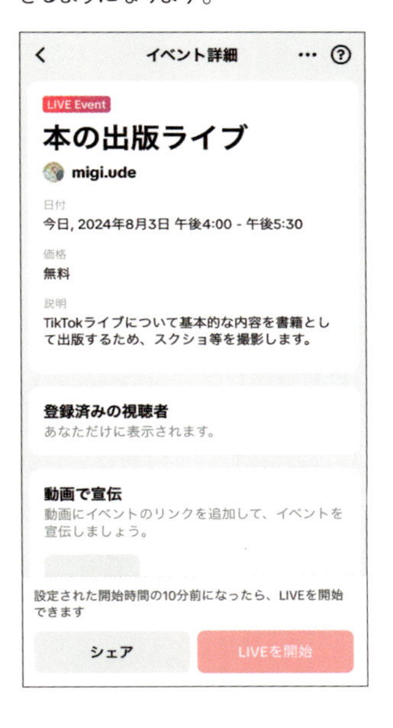

Memo イベントを開始／変更する

イベントを作成した場合、LIVEを開始するには、P.122手順③の画面の「開催予定」から［LIVEを開始］をタップするか、手順⑤の画面で［LIVEを開始］をタップします。また、イベントの日時などを変更したい場合は、「プロフィール」タブで≡→［設定とプライバシー］→［LIVE］→［LIVE Events］の順にタップして編集できます。各イベントは1回のみ編集可能です。なお、24時間以内に開始予定のイベントは変更できません。

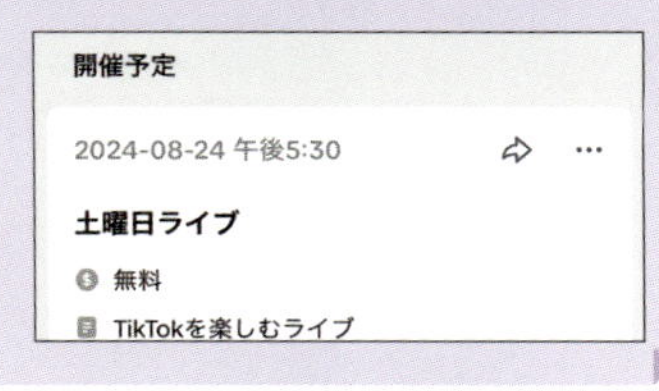

Memo TikTok LIVEの有料化

TikTok LIVEの収益化は、クリエイターにとって新たな収益源となる可能性を秘めています。しかし、安易に有料化に踏み切ると、思わぬ結果を招くことも考えられます。TikTok LIVE有料化の難しさは、フォロワー数の壁と企画力の重要性の2点にあります。有料配信の存在を知ってもらうためには、一定数のフォロワーが必要です。フォロワーが少ないと、告知が届く人が少なく、集客が困難になります。また、有料配信で視聴者に価値を提供できるという信頼関係を築くには、日頃から無料配信で質の高いコンテンツを提供し、ファンとの絆を深める必要があります。企画力という点では、無料の配信と比較して特別さを明確に示し、視聴者のニーズを理解してマッチさせ、継続的に価値あるコンテンツを提供し続けることが重要です。焦らず、地道にファンを育成し、質の高いコンテンツを提供することで、収益化を成功させることができるでしょう。

Section 67

配信の見直しをしよう

LIVE配信後、自分の配信内容を見返すことは、今後の成長につながる重要なステップです。配信中の自分の姿や声、視聴者とのやり取りなどを客観的に見直すことで、改善点を見つけ、より魅力的な配信を提供できます。

配信の分析をする

① P.122手順②の画面で「LIVE分析」の［すべて表示］をタップします。

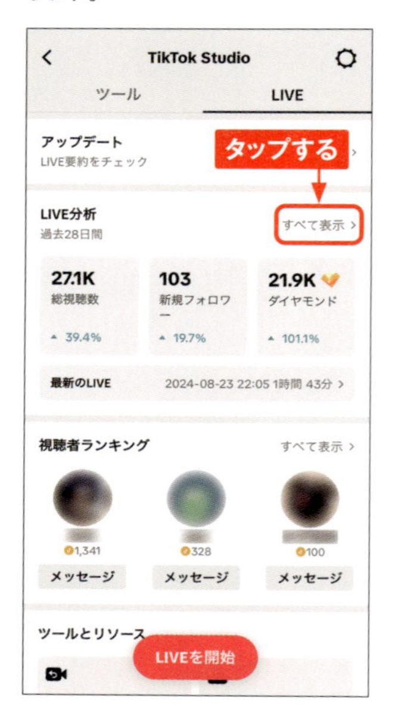

② 直近のLIVEでの活動がグラフで表示されます。いつのLIVEがいちばん盛り上がったのかを確認し、そのLIVEを行った時間や、配信内容を振り返りましょう。

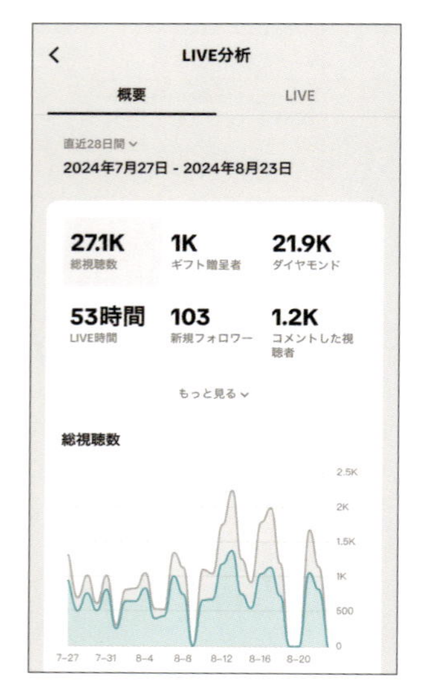

上位視聴者を確認する

① P.122手順②の画面で「視聴者ランキング」の［すべて表示］をタップします。

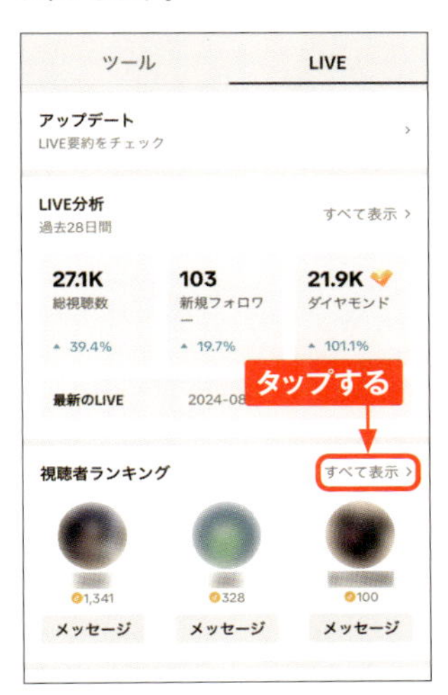

② 「ギフト数」タブでは、多くのギフトを投げてくれた人がランキングで表示されています。［メッセージ］をタップすると、お礼のメッセージなどを送ることも可能です。

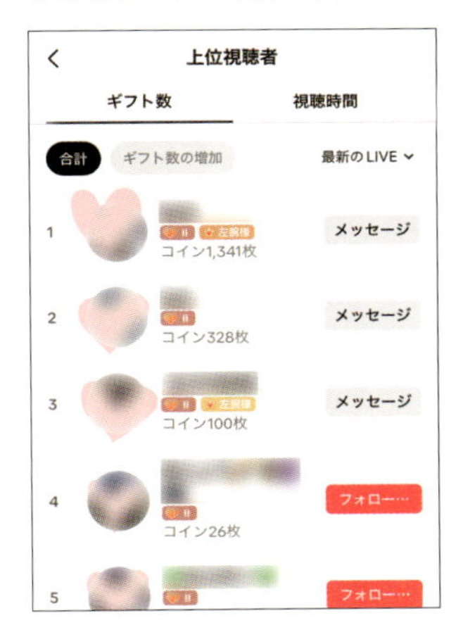

③ 「視聴時間」タブでは、長時間LIVEを見てくれた人がランキングで表示されています。

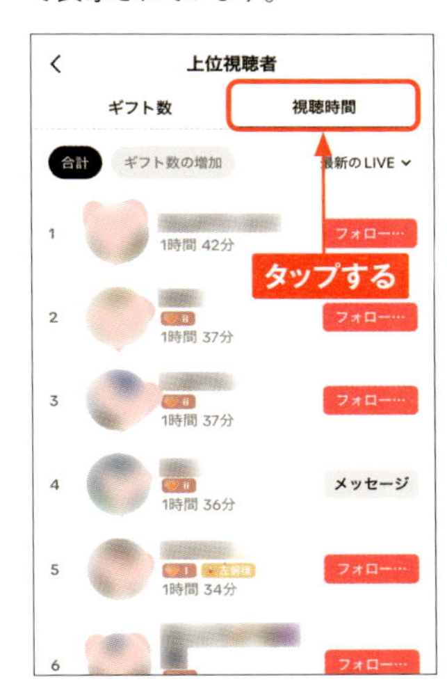

④ ［直近7日間］をタップすると、期間を変更できます。最新のLIVEから直近60日間までの間で、すべてのデータを見られます。

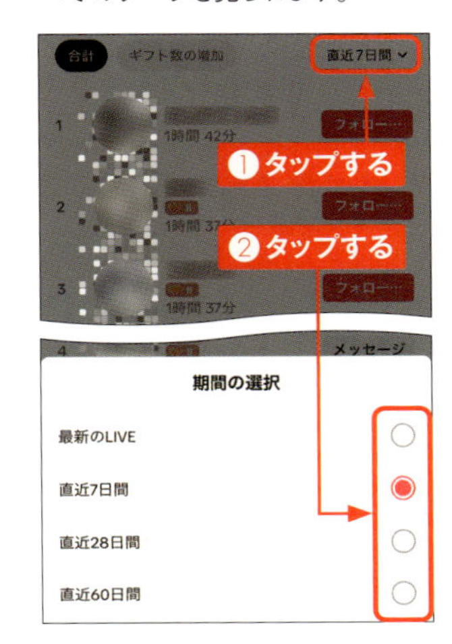

第5章 LIVE配信をしよう

LIVE 配信の動画をダウンロードしよう

TikTokでは、配信者のみLIVE終了後に自分の配信映像をダウンロードすることができます。LIVE後に自分の映像で動画を作成したい場合や、LIVEの見直しがしたいときに確認しましょう。

LIVEをダウンロードして配信を見直す

配信を見直す際は、たとえば、「もっと笑顔で話せるようになりたい」「視聴者とのコミュニケーションを活発にしたい」など、具体的な目標を設定しましょう。また、周りの人に自分の配信を見てもらい、意見をもらうのもよいでしょう。

●録画した動画を分析する

LIVEは基本的にリアルタイム配信ですが、配信者のみ1ヶ月間、配信の録画を閲覧することができます。初めて見るつもりで客観的に評価してみてください。話し方、表情、ジェスチャー、内容、カメラワークなど、さまざまな角度から分析します。たとえば、「声が小さすぎる」「話がまとまっていない」「カメラがブレている」など、改善点を見付けたらメモして次回に活かしましょう。

LIVEをダウンロードして活用する

●ハイライトシーンの切り出しと保存

配信中の面白い瞬間や感動的なシーンを切り出して、保存することができます。また、編集した動画をほかのSNSに投稿し、より多くの人に共有したり、編集した動画をポートフォリオとしてまとめたりもできます。

●オリジナルコンテンツの作成

音楽や効果音を加えたり、テキストを重ねたりすることで、オリジナルの動画作品に仕上げることができます。視聴者とのコミュニケーションとして、LIVE動画の内容を編集することも可能です。また、LIVE映像を使えば、動画を撮影する必要がないのも利点です。

配信動画をダウンロードする

① P.122手順②の画面で、［LIVEの録画］をタップします。

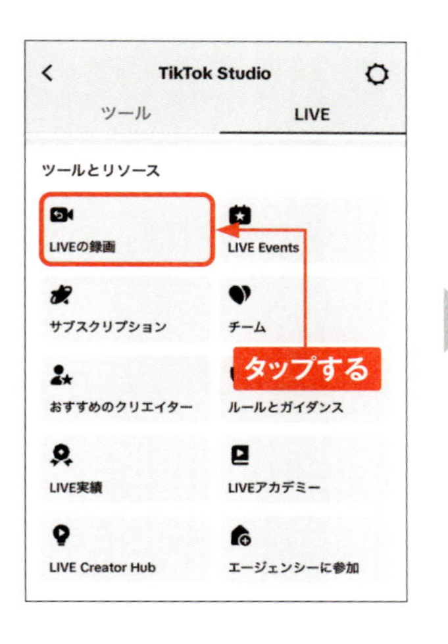

② ［ダウンロード］をタップすると、配信動画のダウンロードが始まります。

配信動画を切り抜いて保存する

① 上の手順②の画面で、［クリップ］をタップします。

② ダウンロードしたい部分を選択し、［保存］をタップします。

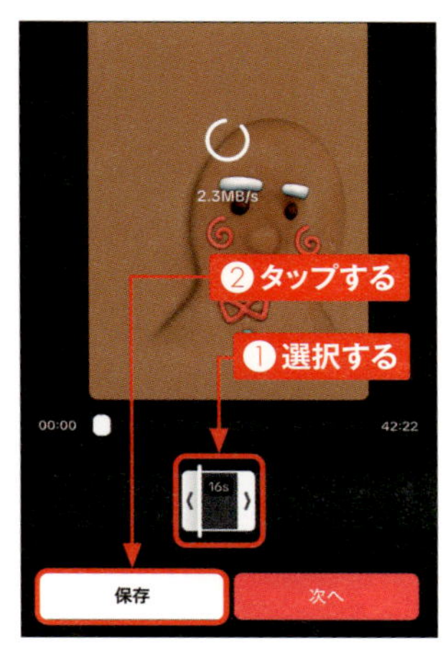

第5章 LIVE配信をしよう

配信動画のハイライトを保存する

ハイライトでは、ギフトが届いた瞬間や多くの視聴者がいた名場面を自動で表示してくれるため、すぐにダウンロードすることが可能です。

① P.127上の手順②の画面で、任意のハイライトをタップします。 > をタップすると、すべてのハイライトが表示されます。

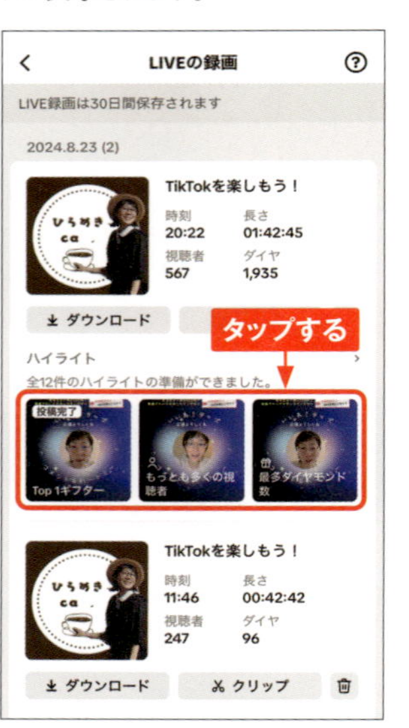

② ［ダウンロード］をタップすると、ハイライトの動画がスマートフォンにダウンロードされます。

Memo ストーリーズに今日のLIVEの感謝を投稿する

手順②の画面で［次へ］をタップすると、動画やストーリーズの投稿画面が表示されます。ハイライトの映像は、ストーリーズへの投稿がおすすめです。「いつも応援ありがとう!」というようなメッセージを付けることで、視聴者とのコミュニケーションを深めることにつながります。次回のLIVEを企画している場合は、開催日時などの情報を入れて発信しましょう。

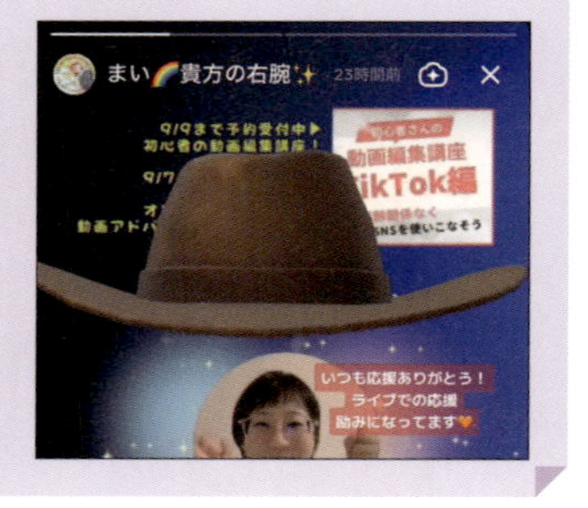

動画をもっと見てもらう工夫をしよう

Section 69

ユーザーがどんな動画を見ているか理解しよう

ユーザーがどんな動画を見ているのかを深く理解することは、より効果的なコンテンツを作成し、エンゲージメントを高める上で重要です。分析を通してユーザーの好みや興味関心を把握し、パーソナライズされた動画を提供しましょう。

ユーザーの視聴傾向を理解する

あなたの動画を見たユーザーたちの視聴傾向を理解することは、フォロワーとの絆を深め、アカウントの成長につながります。ユーザーの視聴傾向は、インサイトから確認します。インサイトのデータからは、どういったタイプの動画が人気なのか、どのハッシュタグが効果的かなどを分析でき、コンテンツ戦略を改善することができます。また、ユーザーの視聴データから、新たなトレンドや流行をいち早くキャッチしたり、あなたのコンテンツに共感してくれるユーザー層をより明確に把握したりできます。ユーザーの好みに合わせ、パーソナライズされた動画を作成することで、より高い視聴率やエンゲージメント（視聴者とのつながり）を獲得しましょう。

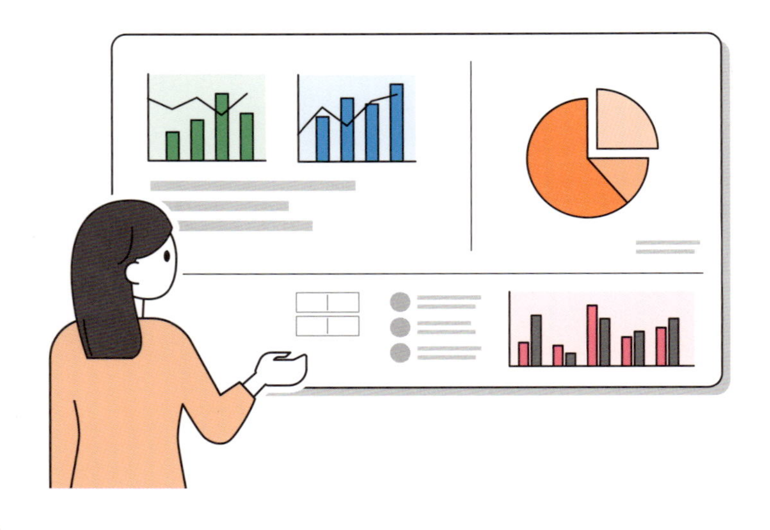

インサイトを表示する

1 「プロフィール」タブで☰をタップします。

2 [TikTok Studio]をタップします。

3 「インサイト」の［すべて見る］をタップします。

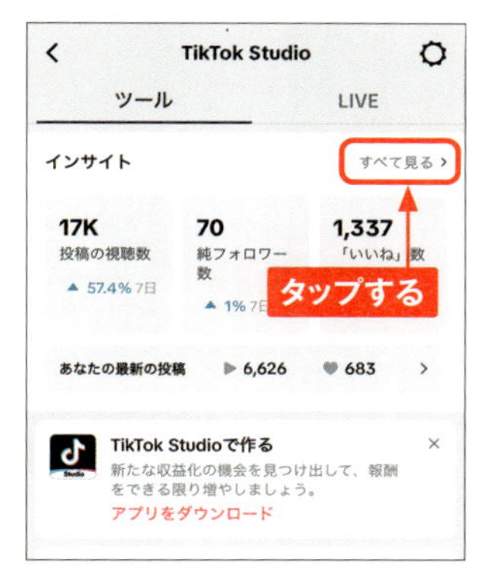

4 「インサイト」の「概要」が表示されます。

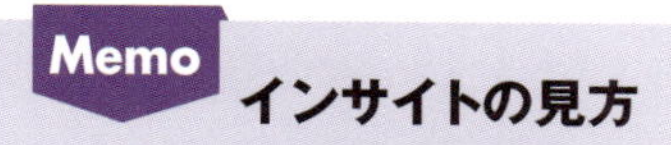

インサイトの見方

インサイトでは、動画の視聴回数、プロフィールの表示回数、いいね数、コメント数、シェア数などの詳細なデータを分析することができます。これらのデータから、自分のアカウントの現状を把握することが可能です。「概要」タブにはデフォルトでは7日間のデータが表示されますが、[28日間][60日間][365日間]をタップすると、期間を変更できます。任意の期間を指定したいときは、[カスタム]をタップします。

5 ［コンテンツ］をタップすると、直近で一番多く見られている動画がランキング形式で表示されます。

6 ［視聴者数］をタップします。「視聴者インサイト」では、視聴者の男女比率が表示されます。

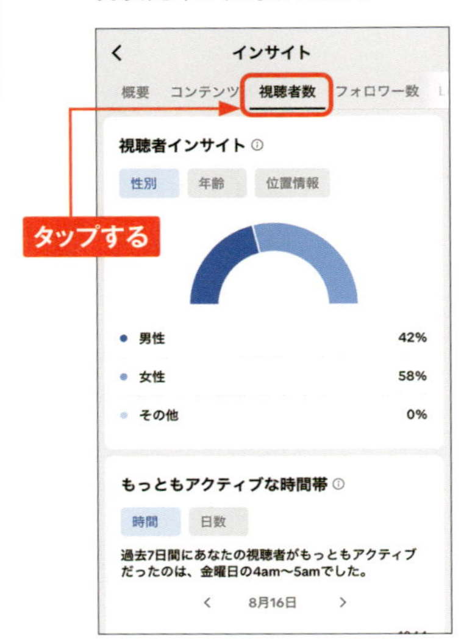

7 ［年齢］をタップすると、視聴者の世代を知ることができます。

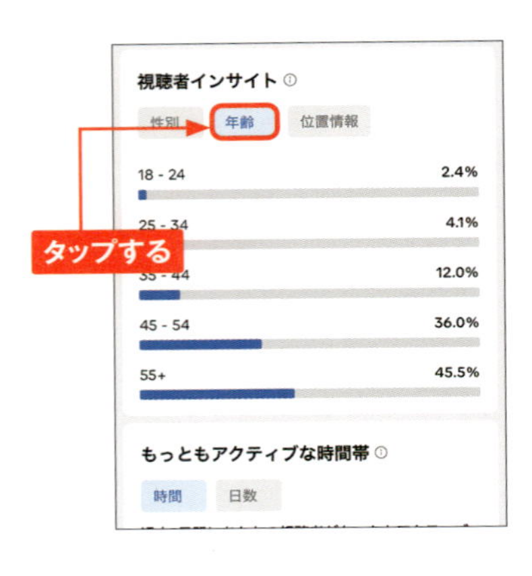

8 上方向にスワイプすると、視聴者のアクティブ時間が表示されます。視聴者が多くいる時間帯に投稿するようにするとよいでしょう。また、その下には視聴者がよく見ているほかのクリエイターが表示されます。競合するアカウントの動画を分析（競合分析）し、人気のコンテンツや戦略を参考にしましょう。

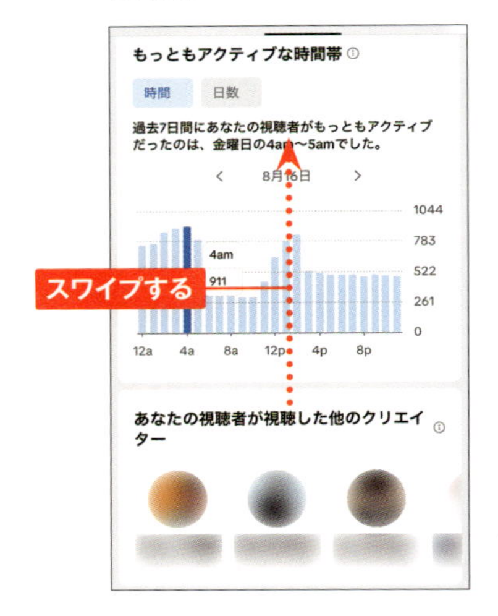

Section 70

自分の投稿を分析しよう

動画ごとに視聴者の反応を分析することで、どのような動画が人気なのか、どの部分がとくに視聴されているのかなどを把握し、より魅力的なコンテンツを作成できます。分析からよりピンポイントなターゲット層に合わせたコンテンツを作成しましょう。

動画分析を行う

1 「プロフィール」タブから分析したい動画をタップします。

2 ［詳細データ］をタップします。

Memo 動画投稿を成功させるには

動画投稿を成功させるポイントは、「視聴者の視点に立って考えること」「定期的に分析を行い、改善点を把握すること」「ほかのクリエイターの動画を参考に、自分の動画に活かすこと」です。動画分析機能を使えば、動画のパフォーマンスをより詳細に分析できます。視聴回数、「いいね」数、コメント数だけでなく、動画維持率や動画完了率も確認できます。これらのデータをもとに、自分の動画がどのように視聴されているのかを把握し、改善点を見付けましょう。 視聴時間が短い場合は、動画の長さを短くしたり、形式を変えたりといった改善が考えられます。また、分析結果を活かしてより目を惹くタイトルを作成したり、魅力的な説明文を作成したり、効果的なハッシュタグを使用したりといったことも改善につながります。

3 「動画分析」画面が表示されます。上部にはアイコンと数字で、動画視聴数、「いいね」数、コメント数、シェア数、セーブ数が表示されています。「概要」の「主な指標」では、動画視聴数、総再生時間、平均視聴時間、動画をフル視聴したパーセンテージ、この動画からの新しいフォロワー数が表示されます。

4 上方向にスワイプすると、「トラフィックソース」が表示されます。

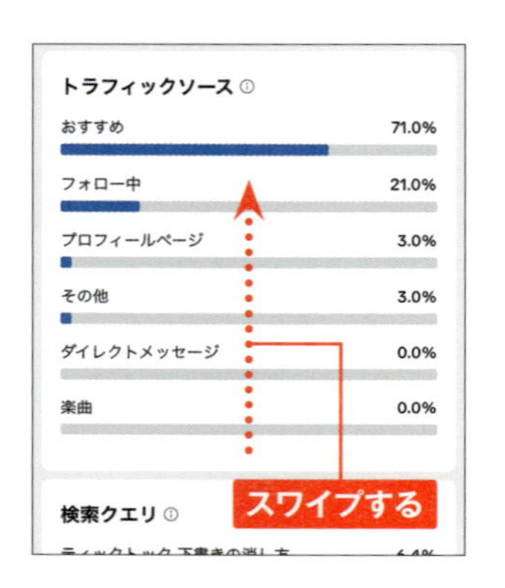

5 さらに上方向にスワイプします。「検索クエリ」では、視聴者がどういった検索ワードで、この動画にたどり着いたか確認でき、重要なキーワードを知ることができます。

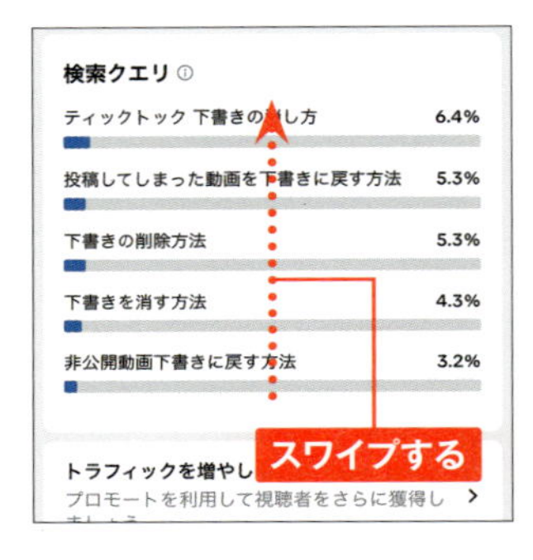

6 ［視聴者］をタップすると、視聴者の種類を詳しく確認できます。［エンゲージメント］をタップすると、「いいね」やコメントなどといった視聴者からの反応に関わる指標を詳しく確認できます。

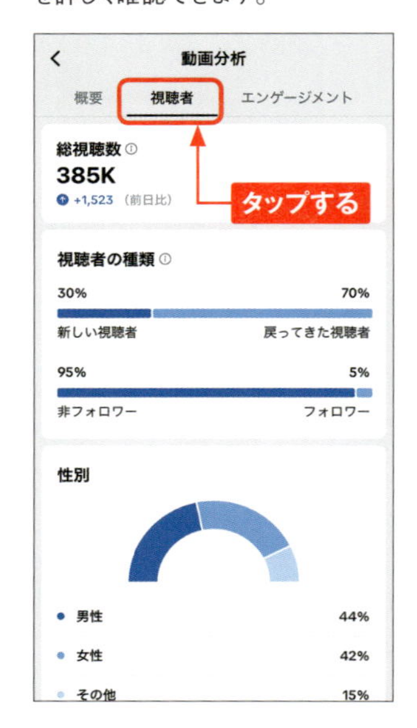

チェックするとよいポイント

「概要」タブ

❶動画視聴数（▶）
動画がどれだけ多くの人に視聴されたかを数値で把握できます。動画の人気度や、ターゲット層へのリーチ状況を測る指標になります。視聴数が多い場合はK（1K=1,000）やM（1M=1,000,000）で省略されます（詳しい数値は「概要」タブの「主な指標」で確認できます）。

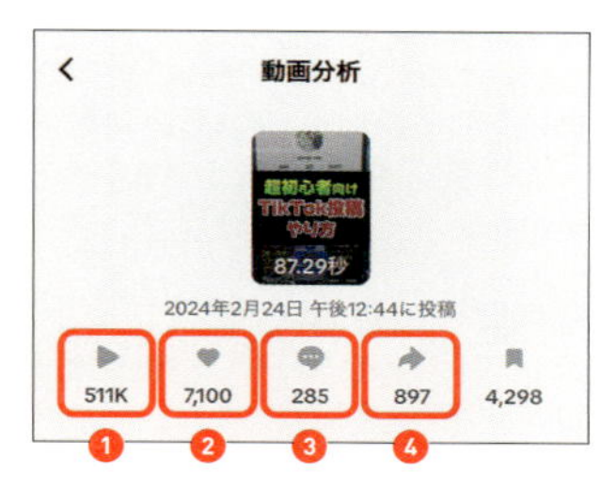

❷「いいね」数（♥）
動画の内容がどれだけ共感を得ているか、楽しんでもらえているかがわかります。視聴者の反応を測る上で重要な指標です。

❸コメント数（💬）
視聴者が動画についてどのような意見を持っているかを具体的に知ることができます。エンゲージメントを高めるためのヒントが得られる可能性があります。

❹シェア数（➦）
動画がどれだけ拡散されているか、ほかのユーザーにどれだけおすすめされているかがわかります。動画の口コミ効果を測る指標になります。

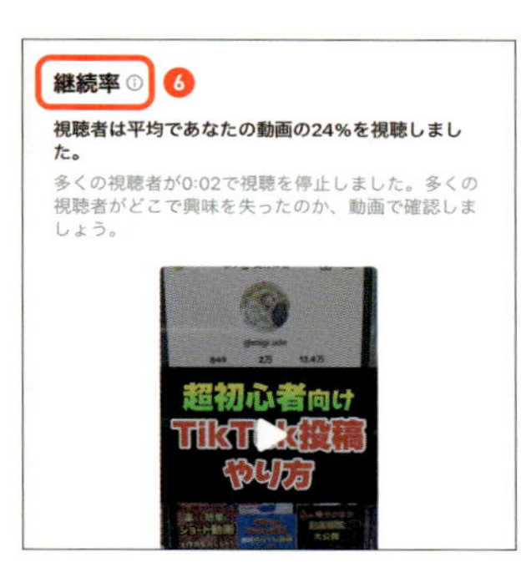

❺主な指標ー動画をフル視聴
動画を最後まで視聴した人の割合が示されています。動画の内容が視聴者の興味を惹けているかや、途中で離脱されてしまう原因を探るヒントになります（詳細はP.138 ～ 139でも解説します）。

❻継続率
視聴者が動画をどれくらいの時間見ているか、最後まで見てもらえているか、どこで興味を失って離脱したのかがわかります。動画の長さや構成が適切か、視聴者の興味を惹き続けることができているかを評価する材料になります（詳細はP.138 ～ 139でも解説します）。

❼トラフィックソース
どこから動画にたどり着いたか（視聴しに来たのか）を確認します。

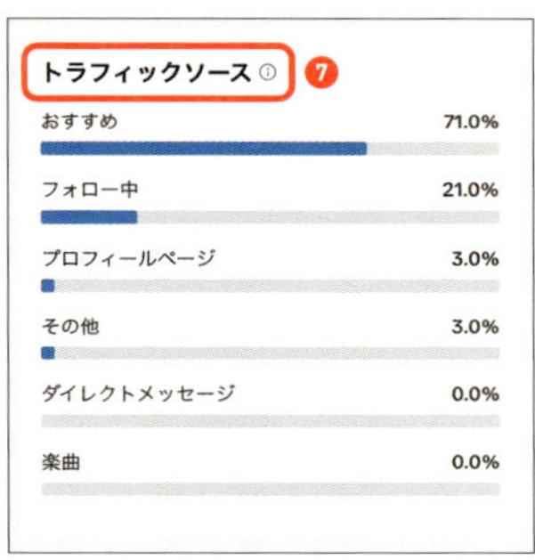

「視聴者」タブ

❶総視聴数
動画を視聴したユーザーの数がわかります。前の日から視聴数がどのくらい伸びたのかも確認でき、改善の結果が出ているかの指標にもなります。

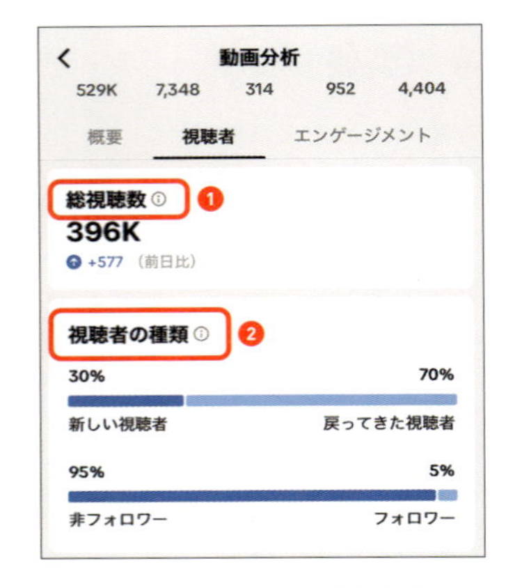

❷視聴者の種類
新規の視聴とリピート再生の比率やフォロワー以外に動画を見た人の比率を確認します。動画がどういった視聴者に届いているか、動画の到達範囲がわかります。

❸性別
男性視聴者が多いのか、女性視聴者が多いのかがわかります。

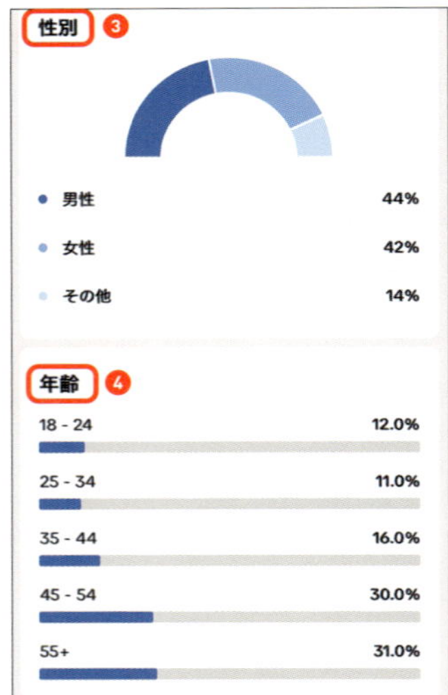

❹年齢
どの世代によく見られているのかがわかります。

❺位置情報
どの地域に住んでいる人に見られているのかがわかります。

「視聴者」タブから性別、年齢、位置情報といった視聴者の属性を見ることで、自分が投稿した動画に興味を持っているユーザーの人物像を具体的に把握できます。これにより、よりピンポイントにターゲット層に合わせたコンテンツを作成することが可能になります。たとえば、世代に合わせた音楽を使う、トレンドを取り入れた動画を作成するなどして、より多くの共感を呼べるコンテンツに動画の内容やテーマを最適化できます。また、彼らとの共通の話題を見つけたり、コミュニティを形成したりすることが容易になります。視聴者との交流を深めることで、より強いファン層を築けるでしょう。競合するアカウントの視聴者属性を調べて比較すれば、自分のコンテンツの強みと弱みを把握してほかとの差別化を図ったり、成功事例を参考により魅力的なコンテンツの作成に役立てたりできます。
また、TikTokには動画をプロモーション（広告出稿）して動画視聴数を増やす機能があり、それを活用する際も視聴者属性の認識が重要です。たとえば、特定の地域に住むユーザーに対して、地域限定のキャンペーン広告を出すことが考えられます。ターゲット層に合わせた広告を出稿することで、広告費の無駄遣いを防ぎ、効果的なプロモーションを実現できます。

「エンゲージメント」タブ

❶「いいね」数
動画のどの時点で「いいね」を付けてもらえたのかを知ることができます。

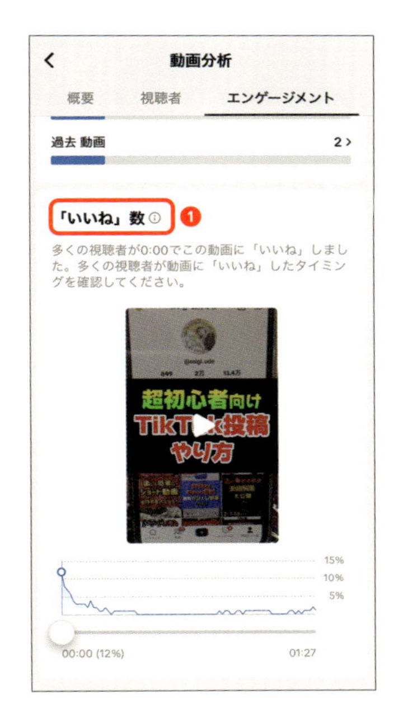

Memo 「コメントでよく使用されている単語」とは

「エンゲージメント」タブでは、「「いいね」数」のほかに、「コメントでよく使用されている単語」を確認できます。ここには、動画に投稿されたコメントを分析し、使われている頻度の高い単語が表示されています。視聴者が興味を持ったことを見付ける手掛かりになり、次に作成する動画のヒントを得ることができます。

Section 71

動画維持率と動画完了率に注意しよう

動画維持率と動画完了率を意識することで、より多くの人に動画を見てもらえる可能性が高まります。これらの数値を上げるには、最初の数秒で興味を惹き付け、最後まで飽きさせない工夫が大切です。

動画維持率と動画完了率とは?

「動画維持率」とは、動画再生が始まってから、どこまで視聴者が見たのかを示す指標です。視聴者が途中で次の動画に切り替えたタイミングを分析できます。TikTokの動画分析では、「維持率」と表示されます。

一方、「動画完了率」とは、動画を最後まで視聴した人の割合を示す指標です。途中離脱せずに最後まで動画を楽しんでくれた人がどれだけいるかを確認できます。この数値が20%くらいだと、出来のよい動画だといえます。また、たくさんの人が最後まで見ている動画は再生数も高い傾向にあります。TikTokの動画分析では、「動画をフル視聴」と表示されます。

どちらの指標もTikTokで動画を投稿していく上では、非常に重要とされています。なぜなら、TikTokのアルゴリズムは、ユーザーが最後まで楽しんでいる動画を高く評価し、多くの人に表示しようとします。つまり、動画維持率と動画完了率が高いほど、あなたの動画が「おすすめ」フィードに表示される可能性が高まるのです。

動画維持率と動画完了率を高めるためには、最初の数秒で惹き付けたり、テンポのよい編集をしたりといった工夫が必要です。印象的なタイトルや、キャッチーな冒頭で視聴者の興味を惹きましょう。TikTokの視聴者は短い動画を好む傾向にあります。長く感じる動画は、途中で視聴をやめてしまう人が増えてしまいます。内容に合わせて最適な長さに調整し、テンポのよい編集で飽きさせないようにしましょう。そのほかにも、画質や音質が悪いと、視聴意欲が低下してしまうので、適切な画質・音質を保って撮影や編集を行いましょう。

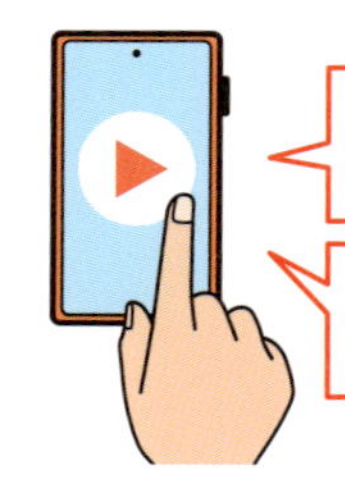

途中で動画を切り替えられた
→「動画維持率」を確認して改善

最後まで動画を見てもらえた
→「動画完了率」がアップ

動画維持率と動画完了率を確認する

1 「プロフィール」タブから分析したい動画をタップし、［詳細データ］をタップします。

2 「動画をフル視聴」で動画完了率を確認できます。

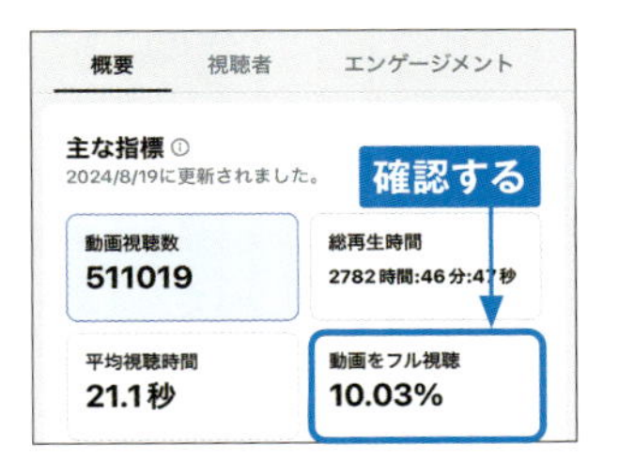

3 上方向にスワイプすると、「維持率」が表示されるので、グラフを確認します。

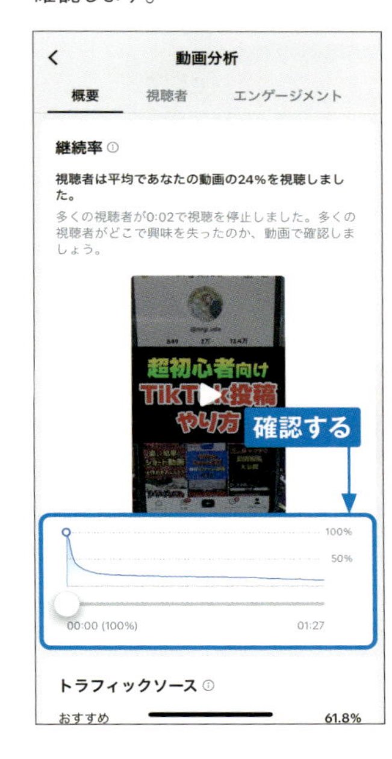

Memo 維持率のグラフの見方

維持率のグラフからは、ユーザーがどこで見るのをやめたのかという、「離脱率」がわかります。下の例では、最初の0秒は全員が見ているため100%ですが、0.02秒で急下降します。これは、ほぼすべての動画で同じです。つまり、目に留まる、動画の始まりが大事ということがわかります。

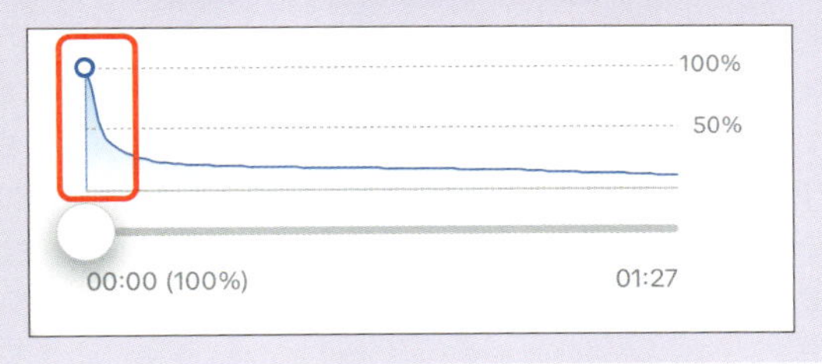

Section 72

見てもらえる動画の始まり方を知ろう

TikTokのアルゴリズムは、動画の最初数秒で視聴継続を判断します。つまり、最初の数秒で視聴者の心を掴めなければ、「おすすめ」フィードに表示される可能性が低くなります。インパクトのある始まりが、より多くの人の目に触れるカギです。

始まりが大事な理由

TikTokユーザーのほとんどは、「レコメンド」タブの「おすすめ」フィードから動画を視聴しています。非常にかんたんな操作でおもしろい動画が次々に表示されるので、動画の冒頭がおもしろくなければ、視聴者はすぐに別の動画に切り替えてしまいます。どんなに動画のオチがよくても、第一印象でつまらないと判断されてしまうと、評価にはまったくつながりません。人間の集中力は、何か新しいものを見聞きした直後がもっとも高まります。この瞬間を逃さずに、視聴者の心を掴むことが重要です。
また、TikTokのアルゴリズムは、動画の完成度だけでなく、視聴者の反応も評価しています。最初の数秒で多くのユーザーが動画を見続ける場合、アルゴリズムはあなたの動画を「よい動画」と判断し、より多くの人に表示する可能性が高まります。

効果的な動画の始めの作り方

タイトルで視聴率をアップさせましょう。動画全体のストーリーを理解し、最初の数秒で核心を伝えることが大切です。動画の内容がひと目でわかるようなタイトルを付け、視覚にうったえるような明るい色を背景に使うなど、さまざまな工夫が可能です。動画の内容に関連する質問を冒頭で投げかけたり、視聴者に語りかけるようなコメントを入れたりすることで、動画を見進めてもらうこともできます。また、視聴者の耳に残る印象的な音楽やキャッチーな効果音を選ぶことで、動画の始まりを盛り上げることができます。
たとえば、料理動画では、食材を切る音や調理器具の音を効果的に使うことで、食欲をそそる映像を作り出すことができます。完成した料理のアップで、視聴者の期待感を高めることも効果的です。ダンス動画では、最初の数秒でキレのある動きを見せ、視聴者の目を惹き付けます。また、流行りの音楽に合わせて踊ることで、共感を呼ぶことができます。コメディ動画では、オチを最初の数秒で暗示したり、予想外の展開を見せたりすることで、視聴者を笑わせることができます。

タイトルを作成する

① P.87を参考に編集画面を表示し、［テキスト］をタップします。

② タイトルとなる文章を入力します。

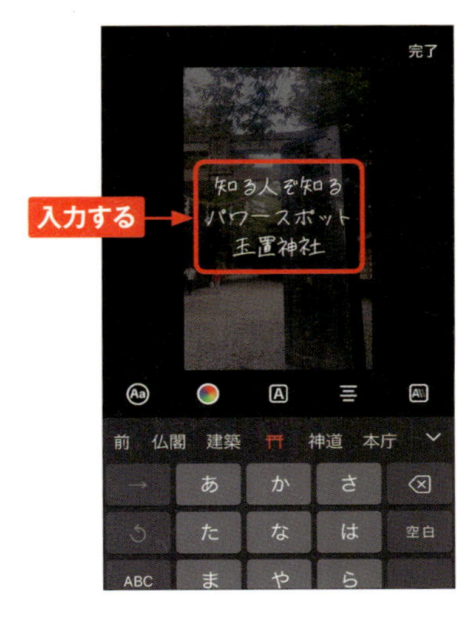

③ 🅐をタップし、フォントを選択します。タイトルは見やすさを重視するため、「ゴシック」がおすすめです。

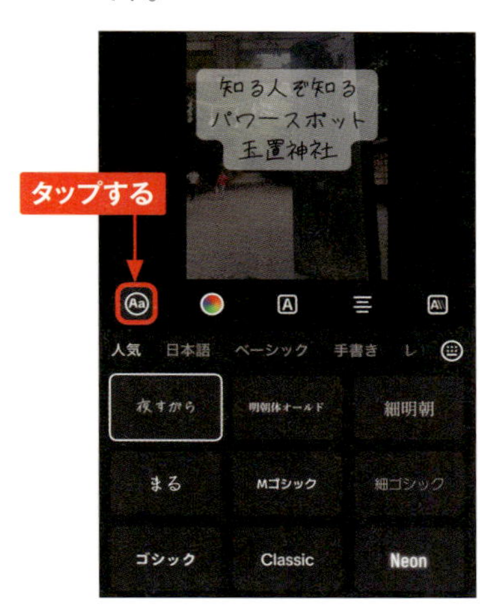

④ 🄰をタップし、テキストの縁取りや背景色を選択します。タイトルが見やすい背景があるものをおすすめします。

5 ◎をタップし、フォントカラーを選択します。動画の雰囲気や冒頭の画に合う色を選びましょう。［完了］をタップします。

6 タイトルのテキストがテキストトラックとして挿入されます。

7 タイトルのテキストが選択されていると、トラックの左右に〈 〉が表示されるので、左右にスワイプしてタイトルの表示時間を調整します。2秒～5秒程度表示させましょう。［次へ］をタップします。

Memo タイトルの表示時間

動画に文字を入れる場合、1秒で4文字が可読できる基準といわれています。文字数に対して表示時間が短いと、視聴者はタイトルを読み切ることができないので注意しましょう。20文字のタイトルを付けた場合、20÷4=5なので、5秒～6秒あれば十分読めるでしょう。

8 動画の冒頭にタイトルを作成しておけば、必然的にカバーにもタイトルが表示されます。

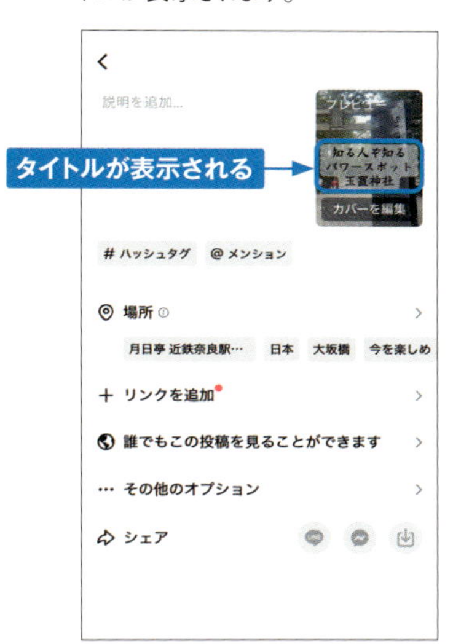

9 P.75 ～ 76を参考にカバーに文字を入れると、動画再生時には表示されませんが、「プロフィール」タブなどで動画一覧を表示したときだけに表示されるオリジナルタイトルを作ることも可能です。

Memo 外部のサービスを使ったタイトルの作り方

タイトルは、グラフィックデザインができるアプリで作ったタイトル画像を合成したり、「CapCut」などの動画編集アプリを活用したりと、工夫次第でさまざまな方法で作成できます。「CapCut」アプリでは、TikTokの編集よりもテキストの装飾機能が充実しているので、より多彩な装飾を加えることが可能です。

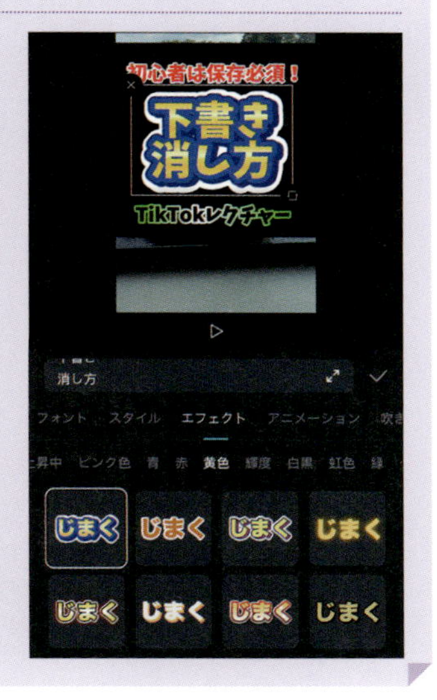

Section 73

動画内のテキストやテロップを工夫しよう

動画を作成する際、動画の内容はもちろん大切ですが、動画内のテキストやテロップも重要な要素の1つです。適切なテキストやテロップを入れることで、動画の理解度を高め、視聴者の心に響く動画を作ることができます。

なぜテキストやテロップが重要なのか

動画内にテキストやテロップを入れる編集をすることで、さまざまな効果を得られます。その1つは、動画の内容を補完できるという効果です。映像と音だけでは伝えきれない情報を補足したり、重要なポイントを強調したりできます。また、テキストやテロップが動画の内容と連動することで、視聴者の集中力を途切れさせないという効果もあり、最後まで見てもらえる可能性が高まります。視聴者の心に響く言葉やフレーズを入れることで共感を呼び、エンゲージメントを高めたり、流行りの言葉やフレーズを取り入れることで、ほかのユーザーとの共通の話題を作り、拡散力を高めたりすることができます。

テキストやテロップを入れる際の注意点

テキストやテロップを入れる際には、「読みやすさ」「邪魔にならない」「統一感」の3つに注意します。フォントサイズや行間を調整し、読みやすくしましょう。テキストが動画のメインにならない場合は、テキストが動画の内容を邪魔しないように、位置や大きさの調整が大事です。動画全体の雰囲気に合わせて、テキストのデザインを統一するようにしてください。

効果的なテキストやテロップの活用方法

●動画の内容と一致させる

動画の内容と矛盾するテキストやテロップは、視聴者の不信感を招く可能性があります。動画の内容を正確に伝え、視聴者が理解しやすいように心がけましょう。

●余白を作る

テキストやテロップが多過ぎると、動画が見づらくなってしまいます。適度な余白を作り、すっきりとした印象にしましょう。

●簡潔でわかりやすい言葉を選ぶ

専門用語や難しい言葉を避け、誰でも理解できるかんたんな言葉を選びましょう。

●フォントや色を工夫する

動画の雰囲気に合わせて、フォントや色を使い分けます。見やすい文字の大きさ・太さや色を選びましょう。

●視聴者に語りかける

視聴者に直接語りかけるような言葉を入れることで、親近感がわきやすくなります。

文字が見やすく、顔やアイコンにテキストが重なっていない

顔やアイコン、概要欄にテキストが重なっており、文字が読みづらい

Memo **テキストやテロップを入れるツール**

TikTokの編集機能には、さまざまなフォントや効果が用意されていますが、外部の動画編集アプリを活用すると、より高度な編集が可能です。「CapCut」アプリは、TikTokと同じByteDanceが運営する動画編集アプリです。一部有料の機能もありますが、無料で十分に高度な編集ができます。TikTokとの連携機能や商用利用可能な素材が用意されていることも、使いやすいポイントになっています。

Section 74

音源の選び方を知ろう

動画の内容と調和する楽曲を選ぶことは、動画の完成度を大きく左右する重要な要素です。適切な楽曲を選ぶことで、動画の印象を深め、視聴者の心に響くコンテンツを生み出すことができます。

なぜ音源選びが重要なのか

音楽は、動画の世界観を表現する上で効果的な手段の1つです。楽曲の雰囲気やテンポは、視聴者に与える印象を大きく変えます。感動的なシーンにはバラード、楽しいシーンにはアップテンポな楽曲など、合わせる楽曲によって視聴者の感情をコントロールすることができます。印象的な楽曲は、動画を見た人の記憶に残りやすく、再度視聴してもらえる可能性が高まります。また、ダンス動画は、人気の楽曲を使うことで、ほかのユーザーとの共通の話題を作り、動画の拡散力を高めることができます。

具体例

料理動画

料理のテーマに合わせて、明るいポップな楽曲や、料理番組のテーマ曲のような食欲をそそるBGMを選びます。

ダンス動画

オリジナル振付の場合は、ダンスの種類や雰囲気に合わせて、アップテンポな楽曲や、リズムが取りやすい楽曲、流行りの楽曲を選びます。

コメディ動画

お笑い動画には、コミカルな効果音や、笑いを誘うようなBGMを選びます。

シリアス動画

ドキドキするようなBGMを選びます。

音源を選ぶ際のポイント

動画の内容と一致させる

動画の内容と楽曲の雰囲気が一致していることが大切です。たとえば、料理動画には明るいポップな楽曲などが適しています。

視聴者のターゲット層を意識する

視聴者の年齢層や興味関心に合わせて、楽曲を選ぶようにしましょう。

著作権に注意する

著作権フリーの楽曲を使用するか、ライセンスを取得した楽曲を使用するようにしましょう。

オリジナリティを出す

ほかの人とは違う、個性的な楽曲を選ぶことで、あなたの動画を際立たせることができます。

トレンドを意識する

人気の楽曲を使うことで、ほかのユーザーに共感されやすくなります。

動画の長さに合わせて選ぶ

動画の長さに合わせて、楽曲の長さを調整しましょう。

音量バランス

動画の音声と楽曲の音量バランスを調整し、聞きやすいようにしましょう。

Memo 楽曲の著作権に注意

楽曲の権利は、TikTokと提携している著作権管理団体（JASRAC、NexTone）によって管理されています。たとえば、外部の動画編集ソフトでトレンド楽曲をBGMにした動画を作成し、TikTokで楽曲を選択せずに投稿してしまうと、楽曲を無断使用したとして動画が削除されてしまう可能性があります。投稿の際に楽曲を選択し、楽曲の音量を0にしておけば問題なく利用できるので覚えておきましょう。

Section 75

フォロワーが増えるプロフィールの書き方を知ろう

TikTokでフォロワーを増やしたいなら、プロフィールの書き方は重要です。プロフィールは、あなたのアカウントの顔であり、ユーザーがあなたをフォローするかどうかを決める大きな要素になります。

なぜプロフィールが重要なのか

プロフィールは、ユーザーが投稿者について知ろうとしたときに最初に目にする部分です。魅力的なプロフィールは、ユーザーの興味を惹き付け、フォローへとつなげます。また、よく作り込まれたプロフィールは、アカウントの信頼性を向上させます。プロフィールでアカウントのジャンルを明確にすることで、興味のあるユーザーが自然と集まるので、ぜひこだわってプロフィールを作ってみてください。

フォロワーの反応を見てプロフィールを改善したり、ほかのアカウントのプロフィールを参考に自分なりに工夫したりという、定期的な見直しも大切です。

魅力的なプロフィールの書き方

❶名前
長過ぎると覚えてもらいにくいため、短く覚えやすいものがおすすめです。アカウントの内容がわかりやすいように、名前にキーワードを含めるのもよいでしょう。

❷プロフィール写真
必ず登録しましょう。顔出しをすることで、親近感がわきやすく、フォロワーとの距離を縮めることができますが、ペットアカウントならペットの写真、趣味のアカウントならその趣味がわかる写真にしましょう。ぼやけた写真は使わず、高画質で鮮明な写真を選ぶとよいでしょう。投稿との統一感を意識すると、アカウント全体の印象がアップします。

❸自己紹介
何をしているアカウントなのかを、短く、簡潔にまとめましょう。どんな人に見てほしいのかを明確にし、ターゲット層に響く言葉を選びます。読んでいる人がワクワクする魅力的な言葉を選択しましょう。絵文字を使って視覚的に明るい雰囲気をアピールするなども効果的です。フォローや「いいね」をお願いする言葉を入れると、より多くの人の目に留まります。

❹ウェブサイト
❺SNS
自分のWebサイトやほかのSNSアカウントへのリンクを貼ることで、アクセスしやすくなり、より多くの情報を知りたい人を誘導できます。「ウェブサイト」はフォロワーが1,000人以上になると登録が可能になります。

具体例

料理アカウント

名前：おうちごはん_簡単レシピ

自己紹介：毎日でも作りたくなる簡単レシピを発信中! ✨コメントやDMでリクエストも募集中です♪ #料理 #レシピ #おうちごはん

ファッションアカウント

名前：プチプラコーデ_毎日更新

自己紹介：プチプラアイテムを使った着回しコーデを発信中! ✨コメントでコーデの質問もOKです! #ファッション #コーデ #プチプラ

旅行アカウント（国内旅行メイン）

名前：週末旅✈日本全国観光ガイド

自己紹介：都心から日帰りで行ける観光スポットやグルメを紹介!週末の旅行計画に役立つ情報を発信中。 #旅行 #観光 #国内旅行 #週末お出かけ

Section 76

効果的な概要欄の書き方を知ろう

TikTokの動画を作成する上で、動画の内容と同じくらい重要なのが概要欄です。概要欄は、あなたの動画をより多くの人に知ってもらうための大切なツールです。ここでは、フォロワーを増やすために効果的な概要欄の書き方について紹介します。

概要欄とは?

動画を見たときに、画面左下に文章が表示されます。この文章が表示されているエリアを「概要欄」と呼びます。動画を投稿する際に、説明文として入力したものがここに表示されます。説明文が長いと、概要欄にははじめの数行のみが表示され、[もっと見る] をタップすることで全文を見ることができます。

概要欄に動画と関連性の高いキーワードを入れることで、検索に引っかかりやすくなり、あなたの動画を見付けてもらいやすくなります。また、動画だけでは伝えきれない情報を補足したり、コメントを促す言葉を入れて視聴者との交流を深めたりという利用方法もできます。

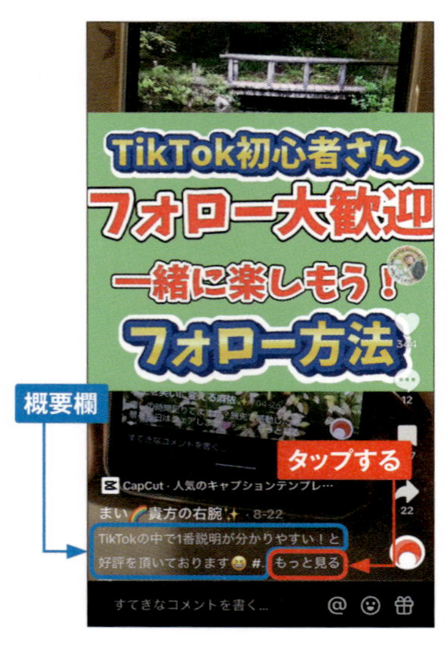

効果的な概要欄の書き方

ハッシュタグを効果的に使う

動画と関連性の高いハッシュタグを3～5個程度入れます。トレンドのハッシュタグも積極的に活用しましょう（P.153～154参照）。
例：#料理 #簡単レシピ #自炊 #おうちごはん #まかない

動画の内容を簡潔に説明する

動画で起こっていることを1文でまとめます。視聴者の興味を惹く言葉を選びましょう。
例：簡単！ 5分でできる！とろとろオムライス

視聴者への呼びかけ

「いいね」やコメント、シェアをお願いしたり、フォローを促したり、質問を投げかけたりします。
例：作ってみたい人、コメントで教えてね！

プロフィールと関連付ける

自分のアカウントのほかの動画や、投稿頻度などを紹介します。
例：毎日料理動画を投稿しています！

具体例

料理アカウント
#簡単レシピ #おうちごはん #自炊 #料理好きな人と繋がりたい 今日の晩ごはんはいかがですか?簡単レシピなので、ぜひ作ってみてね!

ファッションアカウント
#今日のコーデ #プチプラファッション #大人カジュアル #お洒落さんと繋がりたい 今日のコーデは、トップスをインしてスタイルアップ効果を狙ってみました!

美容アカウント
#メイク #コスメ #美容好きな人と繋がりたい 今日のメイクは、ツヤ肌がポイントです。詳しい手順は動画をチェックしてね!

旅行アカウント
#旅行好きな人と繋がりたい #一人旅 #海外旅行 #旅の記録 次の旅行の参考に!おすすめの観光スポットやグルメを紹介しています。一緒に旅気分を味わいませんか?

ペットアカウント
#猫 #犬 #ペット #ペットのいる暮らし 可愛すぎるペットたちの日常を動画に。癒しを求めるあなたへ。一緒にペットライフを楽しみましょう!

概要欄に位置情報を入れる

旅先の観光地や、飲食店などを紹介する場合は、位置情報を入れておくとより検索されやすくなります。

1 P.77手順①の画面で［場所］をタップします。

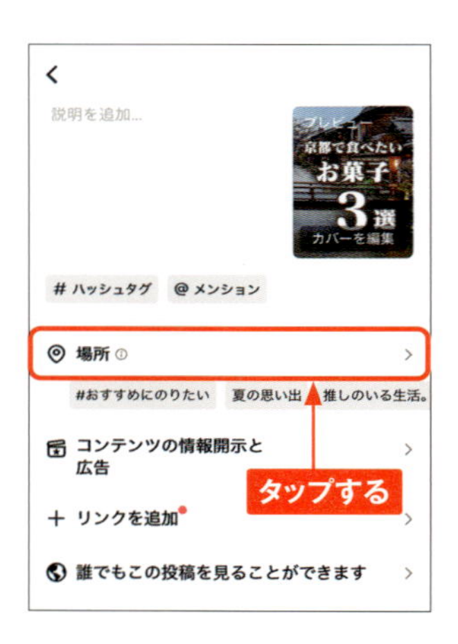

2 位置情報として追加したい場所名を入力し、候補からその場所をタップして選択します。

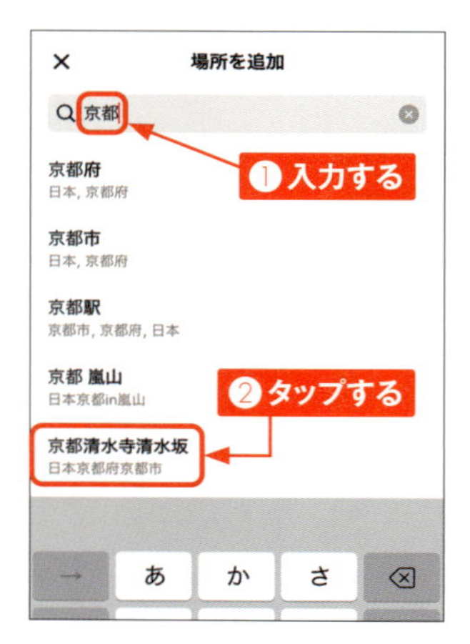

3 説明に位置情報が追加されます。

4 場所名をタップすると、手順②の画面が表示され、別の場所に変更でき、×をタップすると、位置情報を削除できます。

Section 77 ハッシュタグを上手に使おう

ハッシュタグは動画を多くの人に届けるための重要なツールです。しかし、ただ闇雲に付けても効果はありません。ここでは、TikTokでハッシュタグを効果的に使い、あなたの動画を多くの人に届ける方法について解説します。

なぜハッシュタグが重要なのか

投稿にハッシュタグを付けると、その動画を見てほしい人に届く可能性が高まります。関連性の高いハッシュタグを付けることで、同じハッシュタグで検索しているユーザーや過去にそのハッシュタグが付いた動画を閲覧したユーザーに、あなたの動画が発見されやすくなります。また、ニッチなハッシュタグを使うことで、特定のコミュニティに属するユーザーにあなたの動画をアプローチできます。バズりを目指したい場合は、トレンドのハッシュタグを使いましょう。多くのユーザーの目に触れる機会が増えるので、バズる可能性が高まります。

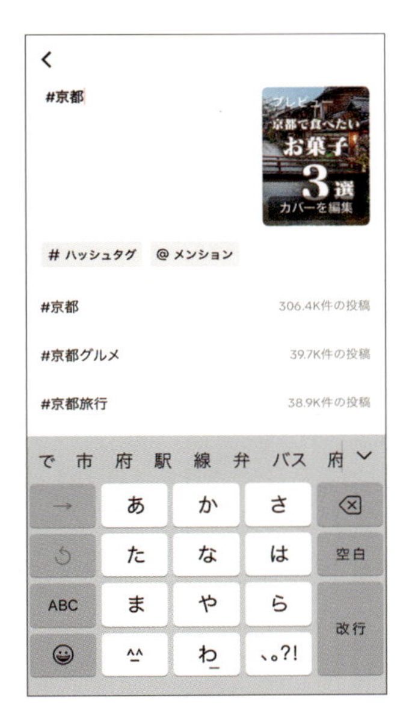

P.78手順③の画面でハッシュタグのキーワードを入力すると、関連するキーワードが下に表示されます。検索されている順に表示される場合が多いので、これを参考に3つほど入れるのもおすすめです。

効果的なハッシュタグの使い方

●関連性の高いハッシュタグを選ぶ

動画の内容に合う、具体的なハッシュタグを選びましょう。

●人気のハッシュタグと組み合わせる

人気のあるハッシュタグと、より具体的なハッシュタグを組み合わせることで、さらに多くのユーザーに動画を届けることができます。

●トレンドのハッシュタグを活用する

「トレンド」タブやPC版TikTokの「探索」タブなどでトレンドのハッシュタグをチェックし、自分の動画に関連するものを使いましょう。

●オリジナルのハッシュタグを作る

自分のアカウントを象徴するオリジナルハッシュタグを作成し、コミュニティ作りに役立てましょう。

具体例

料理動画

#簡単レシピ #おうちごはん #自炊 #料理好きな人と繋がりたい #今日の晩ごはん

ファッション動画

#今日のコーデ #プチプラファッション #大人カジュアル #お洒落さんと繋がりたい #ファッション好きな人と繋がりたい

ダンス動画

#ダンスチャレンジ #踊ってみた #ダンス好きな人と繋がりたい #ダンスカバー

ハッシュタグを選ぶ際の注意点

P.151でも解説したように、ハッシュタグは多過ぎても概要欄が見づらくなってしまうため、3～5個に絞りましょう。関係のないハッシュタグを大量に付けたり、同じハッシュタグを何度もくり返したりすると、スパムとみなされる可能性があります。こうした行為は避けましょう。また、人気のあるハッシュタグは競合動画が多いので、少しマイナーなハッシュタグも試してみるとよいでしょう。トレンドは常に変化するため、定期的にハッシュタグを見直すことも大切です。

Section 78

カバーで動画を管理しやすくしよう

TikTokでたくさんの動画を投稿するようになると、振り返りたい動画がすぐにわかるようにしておくことも大切です。せっかく作った動画を、より効果的に視聴者に届けたいと思うのならば、カバーの設定が欠かせません。

なぜカバーが重要なのか

カバーは、あなたの動画のサムネイルのようなものです。「プロフィール」画面や検索結果などで、ほかのユーザーが最初に目にする部分であり、視聴者があなたの動画を選ぶかどうかの判断材料になります。 カバー画像に、動画のハイライトシーンやキャッチーなテキストを入れることで、動画の内容を端的にアピールできます。また、カバー画像のデザインを統一することで、「プロフィール」画面の見栄えが格段に向上します。

カバー設定（タイトル）のポイント

ひと目でどんな動画なのかわかるようにするには、カバーにタイトルを入れます。カバーは、冒頭の画が初期状態で表示されるので、動画の冒頭にタイトルを入れることをおすすめします（タイトルの作り方はP.141 ～ 143参照）。長文のタイトルは読みにくいので、キーワードを2 ～ 3語にまとめて、簡潔なタイトルにしましょう。ほかの動画と差別化するため、フォントや色使いに工夫を凝らしてみます。また、動画の内容とタイトルが合っていないと視聴者が混乱してしまいます。動画の内容とタイトルは一致させましょう。

Section 79

概要欄やカバーを編集しよう

概要欄の説明文とハッシュタグや、「プロフィール」タブから見られる動画のカバーは、投稿から7日間は1日1回編集ができます。動画を分析して、最適な概要欄やカバーに設定しましょう。

概要欄やカバーを編集する

① 「プロフィール」タブから概要欄やカバーを編集したい動画をタップし、…をタップします。

② メニューアイコンを左方向にスワイプし、［投稿を編集］をタップします。

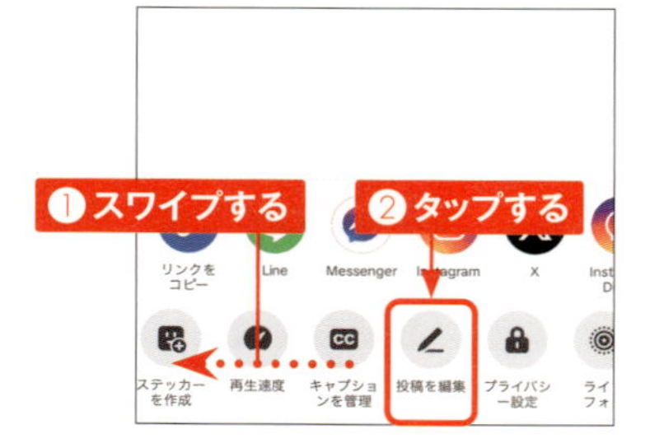

③ 説明文をタップすると、文章やハッシュタグを編集でき、［カバーを編集］をタップすると、カバー位置の変更ができます。編集が完了したら、［保存］をタップします。

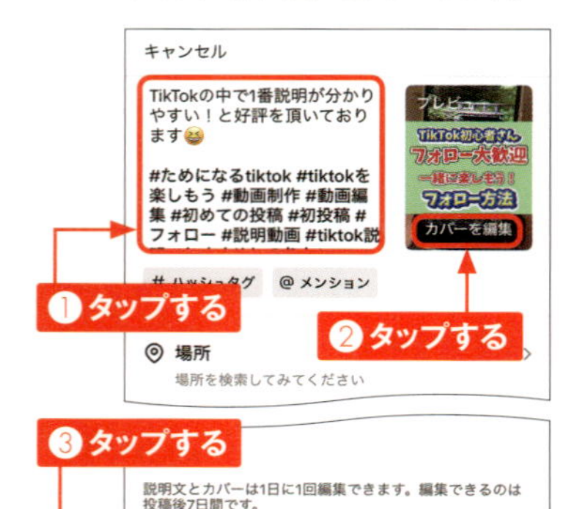

Memo そのほかの編集

位置情報の編集は、投稿から180日間編集可能です。投稿した動画そのものの編集はできないので注意しましょう。

第7章

TikTokを安全に楽しもう

2段階認証を設定しよう

2段階認証を設定すると、普段利用していない端末からログインする際に、パスワードだけでなくSMSやメールなどに届く認証コードの入力が必要になります。アカウントのセキュリティを強化でき、第三者の不正ログインを防げます。

2段階認証を設定する

1 「プロフィール」タブで≡→［設定とプライバシー］の順にタップします。

2 「設定とプライバシー」画面が表示されます。［セキュリティとアクセス許可］をタップします。

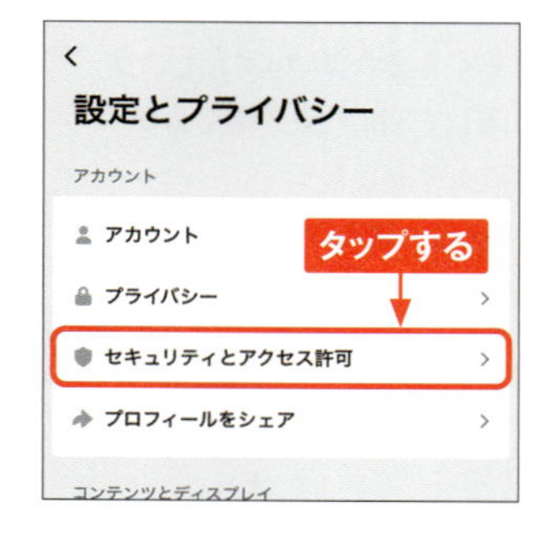

3 ［2段階認証］をタップします。

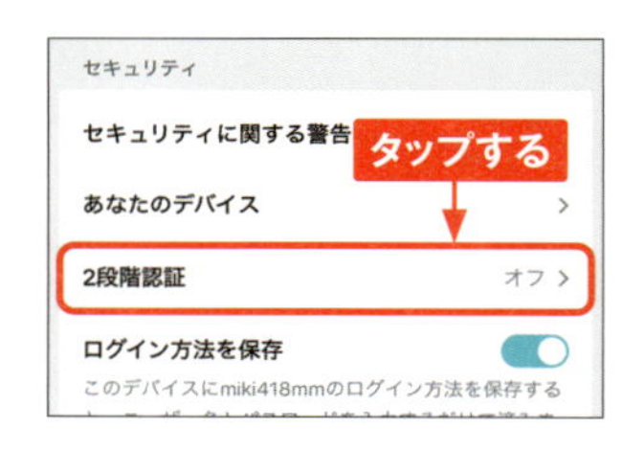

4 認証方法を2つ以上選択し、［オンにする］をタップします。画面の指示に従って追加設定すると（スキップできるものもあります）、2段階認証がオンになります。

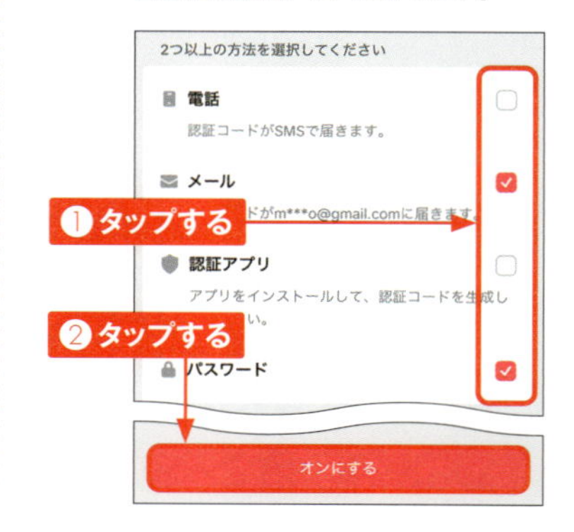

Section 81

動画を見せるユーザーを制限しよう

自分が許可したユーザー以外に投稿を公開したくない場合は、アカウントを非公開に設定しましょう。非公開アカウントにすると、フォローリクエストを承認したユーザーだけに投稿が表示されます（P.160参照）。

非公開アカウントの設定をする

1 「設定とプライバシー」画面で、［プライバシー］をタップします。

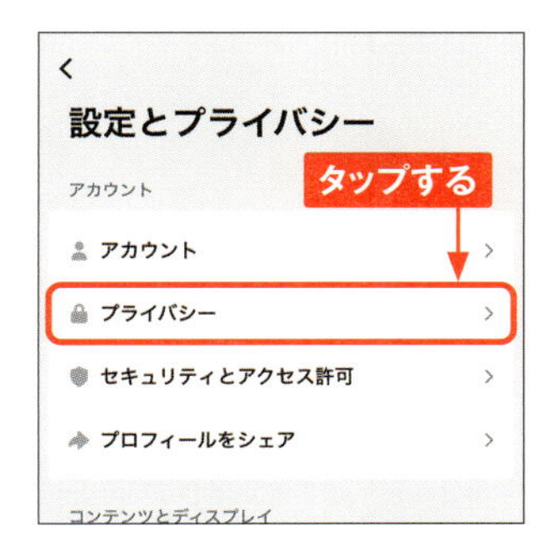

2 「非公開アカウント」の をタップします。

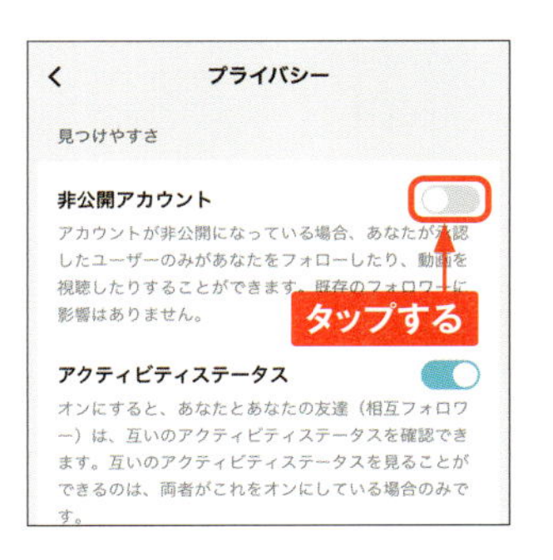

3 非公開アカウントの設定がオンになりました。

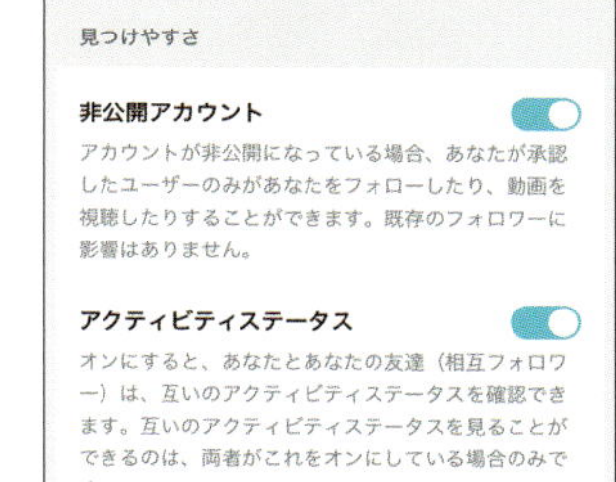

Memo 非公開アカウント

アカウントを非公開（非公開アカウント）にすると、ほかのユーザーがあなたのアカウントをフォローするときに、あなたの承認が必要になります（P.160参照）。また、非公開アカウントの動画は、フォロワーでもダウンロードすることができません（動画のダウンロードはP.40参照）。

フォローリクエストに対応しよう

非公開アカウント設定時にほかのユーザーからフォローの申請があると、即座にフォロワーとして登録されず、あなたの承認を待ってフォロワー登録されます。自分の投稿を公開しても問題ないユーザーであれば、フォローリクエストに同意しましょう。

フォローリクエストに対応する

1 フォローリクエストの通知が届いたら、「メッセージ」タブから［新しいフォロワー］をタップします。

2 ［同意する］をタップします。

3 フォローリクエストへの対応が完了します。［フォロー返し］をタップすると、相互にフォローできます。

Memo 非公開アカウントをフォローする

非公開になっているアカウントをフォローするときは、相手のプロフィール画面で［フォロー］をタップすると、相手にフォローリクエストを送ることができます。

Section 83 フォローリストを非表示にしよう

自分がフォローしているユーザーの一覧は、ほかのユーザーにも公開されています。ほかのユーザーにフォローリストを見られたくない場合は、フォローリストの公開範囲を変更しましょう。

フォローリストを非表示にする

1 「設定とプライバシー」画面で、［プライバシー］をタップします。

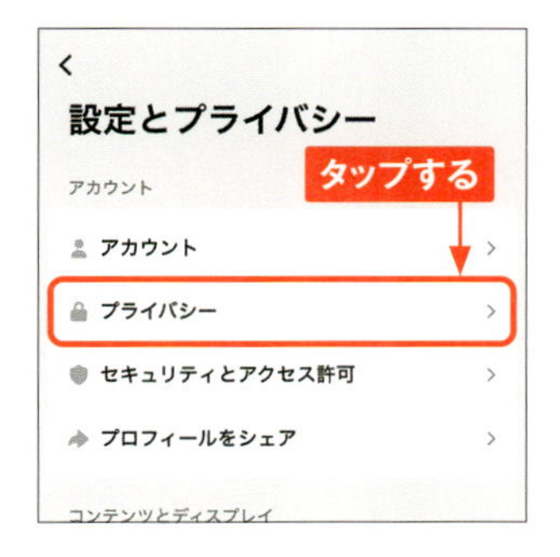

2 ［フォローリスト］をタップします。

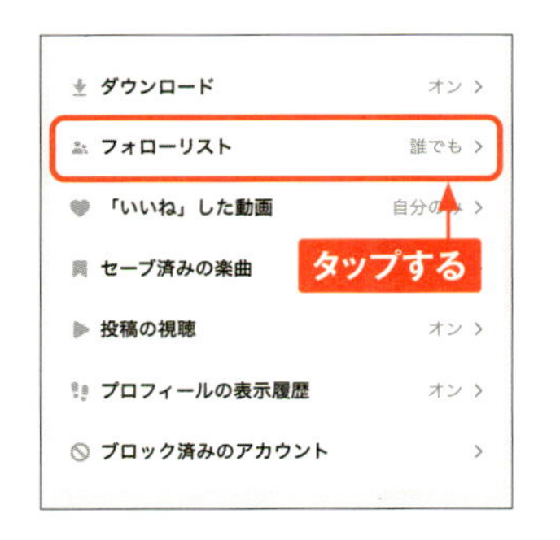

3 ［自分のみ］をタップします。

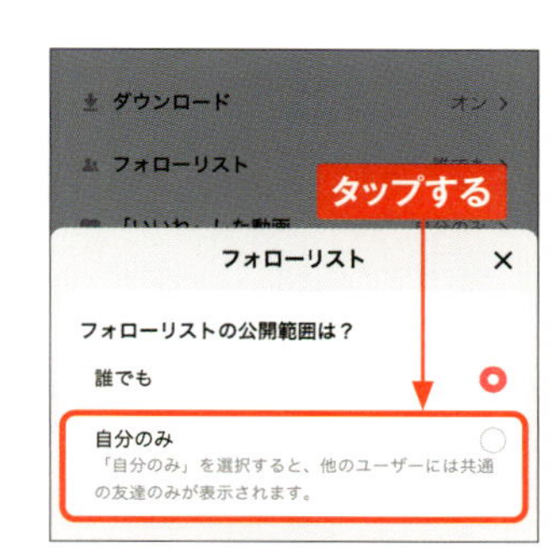

4 フォローリストから、共通の友達以外が非表示になりました。

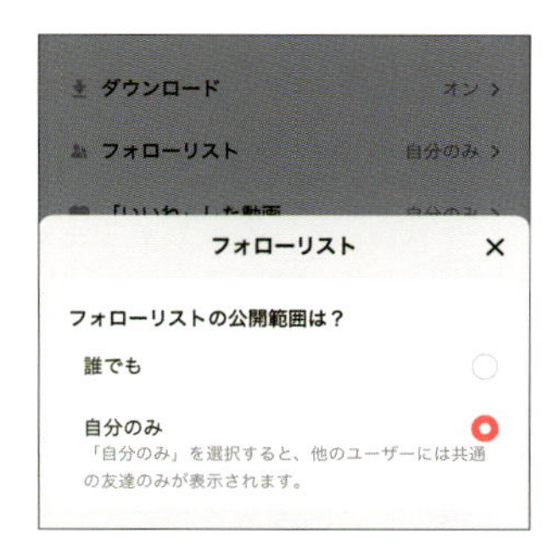

「いいね」を付けた動画を非公開にしよう

フォローリストと同様に、自分が「いいね」を付けた動画の一覧は、ほかのユーザーにも公開されます。ほかのユーザーに「いいね」を付けた動画を知られたくない場合は、「いいね」した動画の公開範囲を変更しましょう。

「いいね」を付けた動画を非公開にする

1 「設定とプライバシー」画面で、[プライバシー]をタップします。

2 [「いいね」した動画]をタップします。

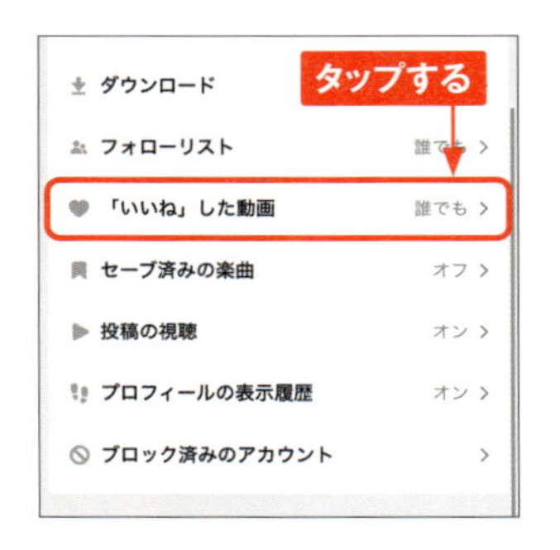

3 [自分のみ]をタップします。

4 自分が「いいね」を付けた動画が、ほかのユーザーに表示されなくなりました。

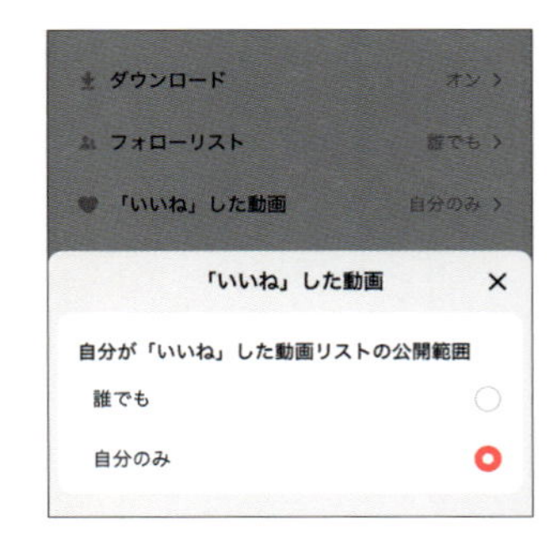

Section 85 ダイレクトメッセージを送れる人を制限しよう

初期設定でダイレクトメッセージを送れるのは、友達（相互フォロワー）と知り合いかもしれないユーザー（共通のユーザーのフォロワーどうしや、連絡先に電話番号が登録されているユーザーなど）です。設定を変えると、友達のみに限定できます。

ダイレクトメッセージを制限する

1 「設定とプライバシー」画面で、［プライバシー］をタップします。

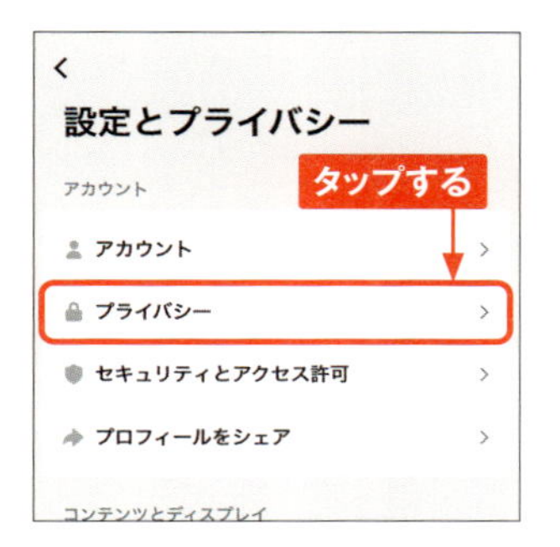

2 ［ダイレクトメッセージ］をタップします。

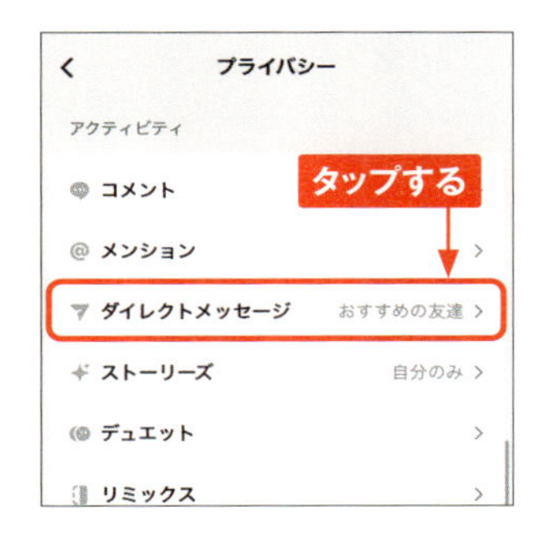

3 ［ダイレクトメッセージを許可する範囲］をタップします。

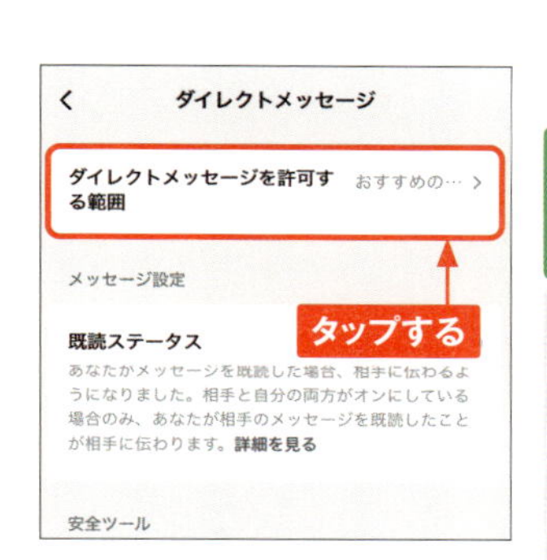

4 任意の範囲（ここでは［友達］）をタップして設定します。

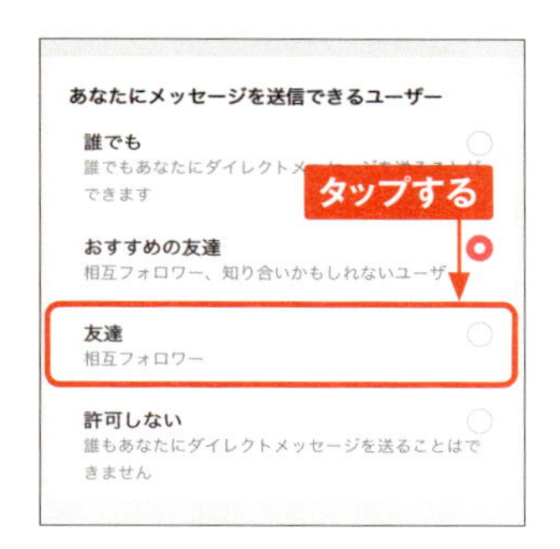

Section 86

投稿した動画をダウンロードできないようにしよう

TikTokでは、ほかのユーザーがあなたの投稿した動画をダウンロードできます。しかし、心無いユーザーがあなたの動画を無断で利用し、トラブルになってしまうこともあります。心配な場合は、動画のダウンロード機能をオフにしましょう。

動画をダウンロードできないようにする

1 「設定とプライバシー」画面で、[プライバシー]をタップします。

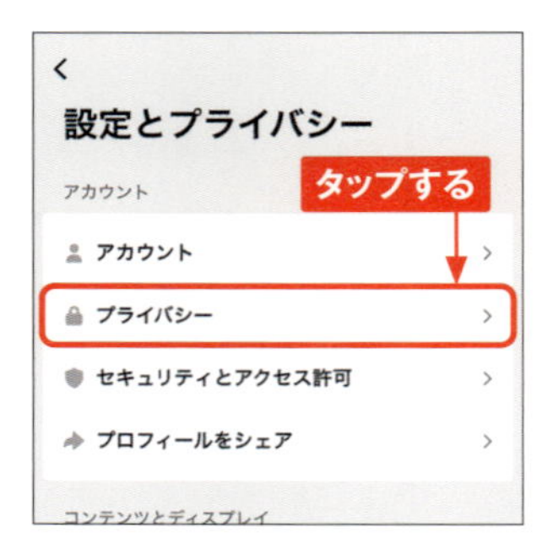

2 [ダウンロード]をタップします。

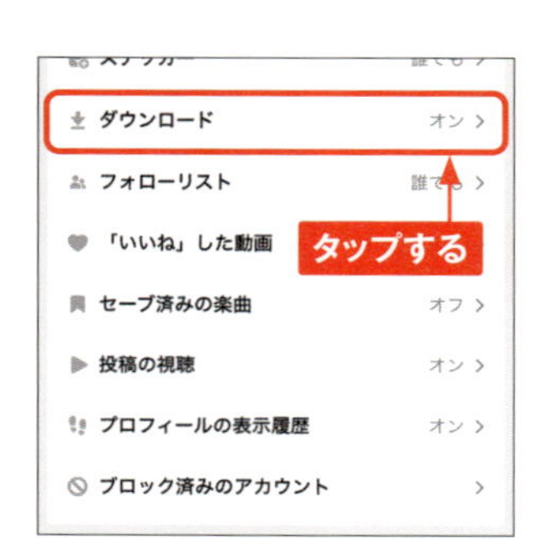

3 「動画のダウンロード」の〇を タップします。

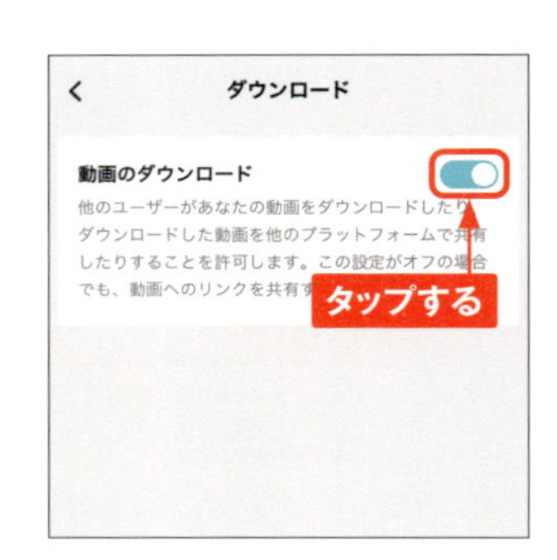

4 ほかのユーザーが動画をダウンロードできないようになりました。

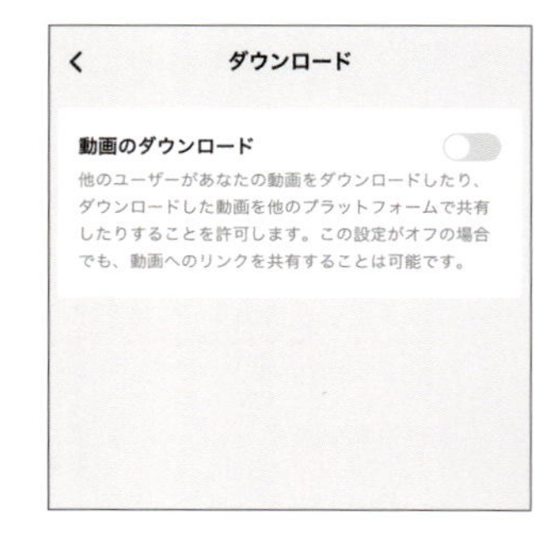

Section 87

投稿した動画にコメントできないようにしよう

コメント機能では、ユーザーどうしのコミュニケーションを楽しめますが、トラブルが発生してしまうこともまれにあります。ここでは、コメントの受付を不可に設定する方法を紹介します。

コメントをオフにする

1 「設定とプライバシー」画面で、[プライバシー]をタップします。

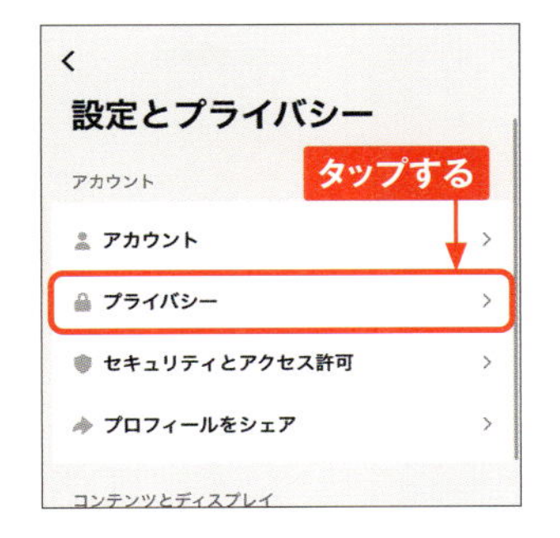

2 [コメント]（Androidでは、[コメントと弾幕]）をタップします。

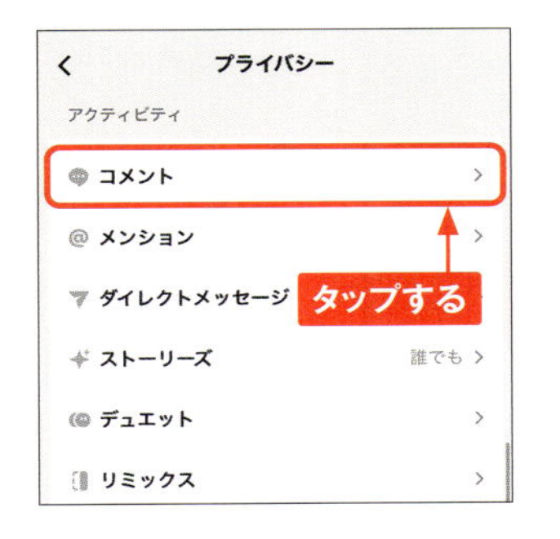

3 [コメントを許可する範囲]（Androidでは、[以下のユーザーのコメントと弾幕を許可する]）をタップします。

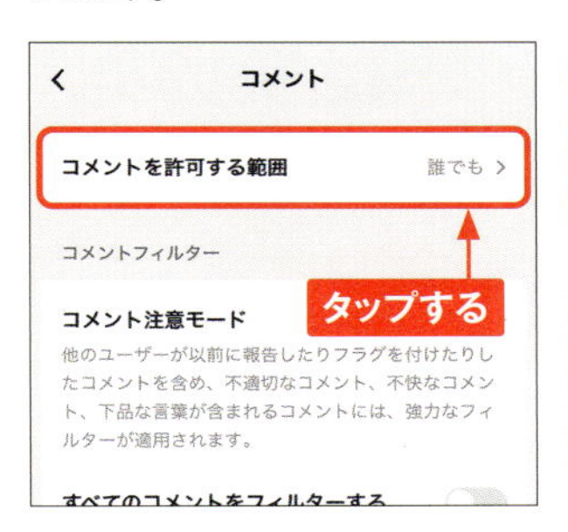

4 [許可しない]をタップします。

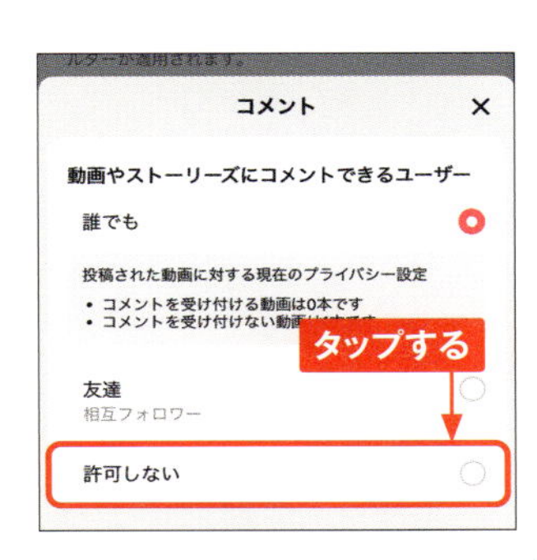

足跡を残さず動画を視聴しよう

どのTikTokアカウントが自分の投稿を見たのか確認できる機能が、「投稿の視聴履歴」です。この機能をオンにしていると、フォローしているユーザーもこの機能をオンにしている場合に、投稿を見たことが伝わります。

投稿の視聴履歴をオフにする

1 「設定とプライバシー」画面で、[プライバシー] をタップします。

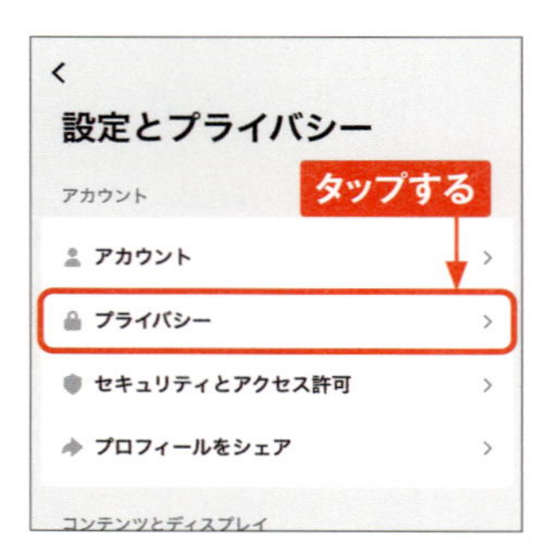

2 [投稿の視聴] をタップします。

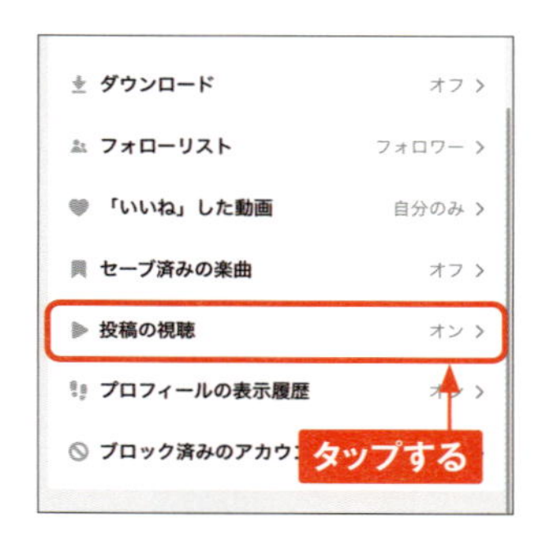

3 「投稿の視聴履歴」の をタップします。

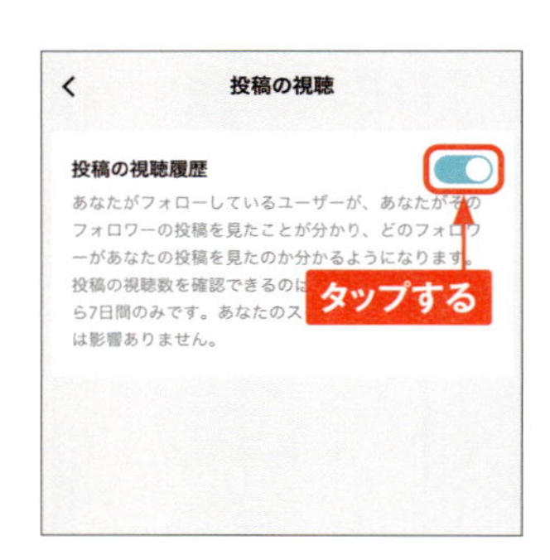

4 投稿の視聴履歴がオフになりました。

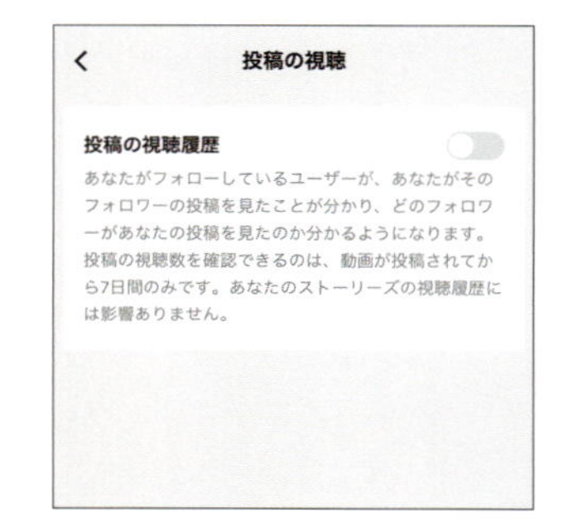

足跡を残さずプロフィールを確認しよう

「プロフィールの表示履歴」は、過去30日間にあなたのプロフィールを見たユーザーを確認できる機能です。また、あなたがほかのユーザーのプロフィールを見たときに、その相手もあなたの情報を確認できる機能でもあります。

プロフィールの表示履歴をオフにする

1 「設定とプライバシー」画面で、[プライバシー]をタップします。

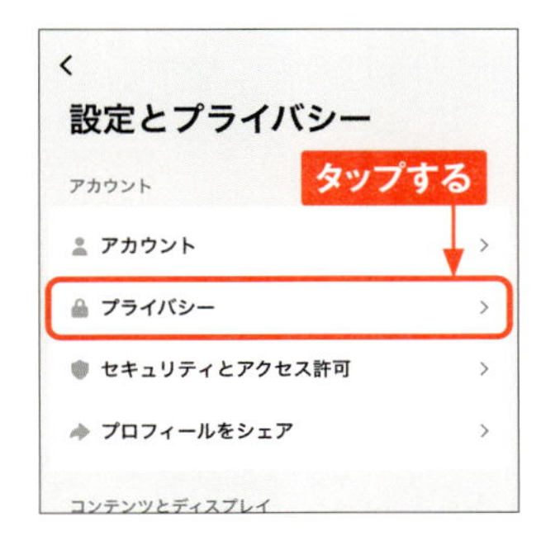

2 [プロフィールの表示履歴]をタップします。

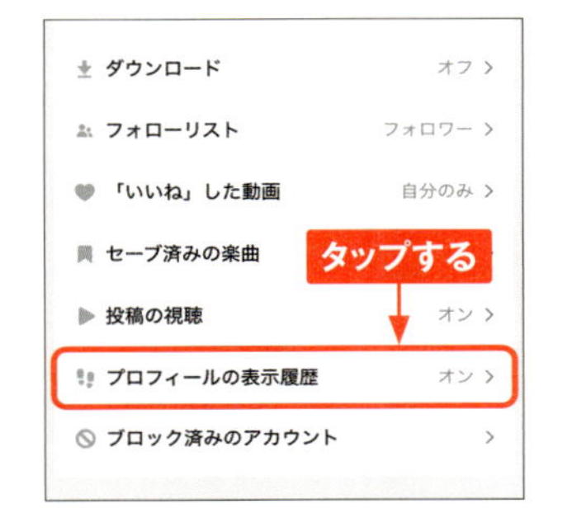

3 「プロフィールの表示履歴」の をタップします。

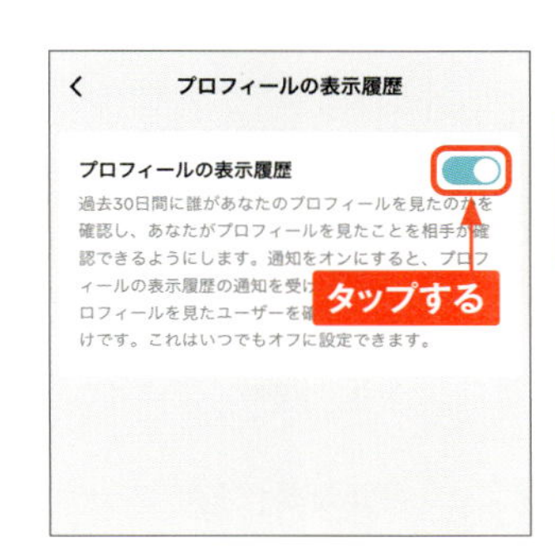

4 プロフィールの表示履歴がオフになりました。

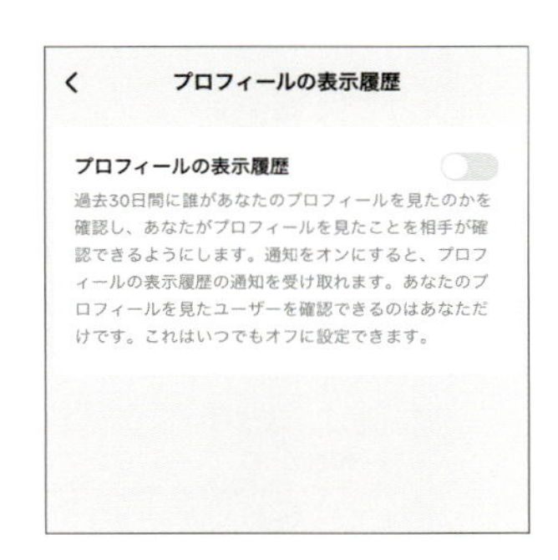

視聴した動画の履歴を削除しよう

TikTokでは、過去180日間に視聴した動画の履歴が保存されており、遡って視聴することができます。ここでは、視聴履歴を削除する方法を紹介します。視聴履歴を消すと、おすすめ動画のアルゴリズムに影響が出る可能性があります。

視聴履歴を削除する

1 「設定とプライバシー」画面で、[アクティビティセンター] をタップします。

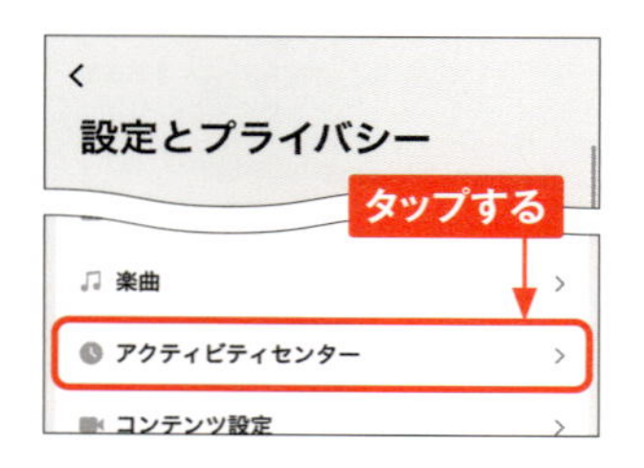

2 [視聴履歴] をタップします。

3 [選択] をタップします。

4 [すべての視聴履歴を選択] → [削除] → [削除] の順にタップします。

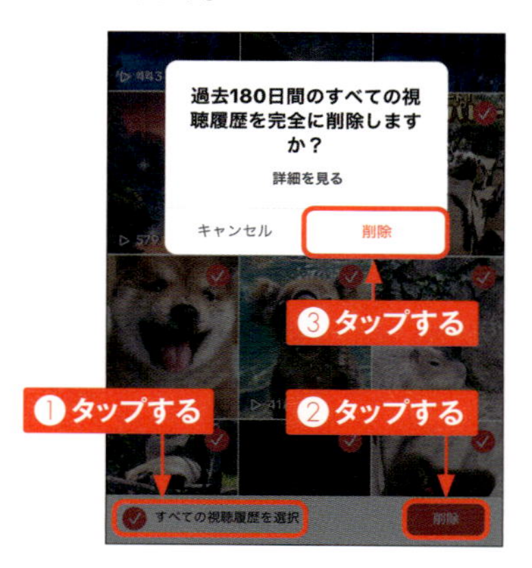

知り合いにアカウントがばれないようにしよう

おすすめのアカウントの表示や、リンク送信などで、意図せず知り合いに自分のアカウントを知られてしまうことがあります。ここでは、連絡先へのアクセスを許可を取り消す方法と、リンク共有時のおすすめ表示をなくす方法を紹介します。

連絡先との同期をオフにする

1. 「設定とプライバシー」画面で、[プライバシー]をタップし、[連絡先とFacebookの友達を同期する]をタップします。

2. [以前に同期した連絡先を削除]をタップします。

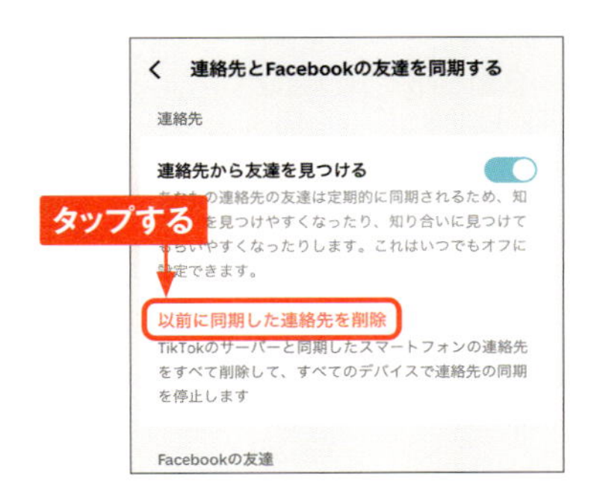

3. [削除]をタップします。

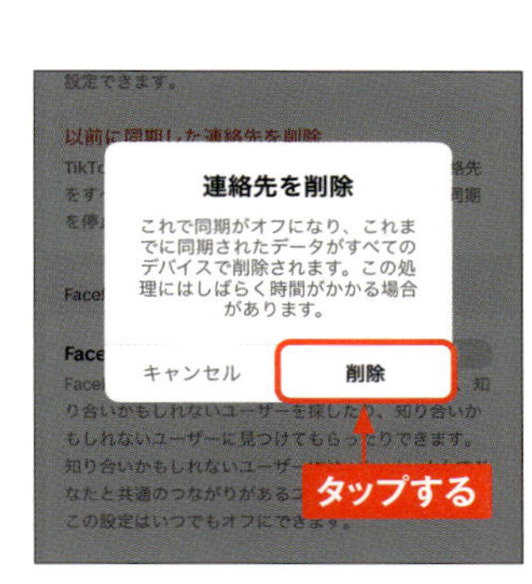

4. 連絡先が削除され、同期も解除されました。

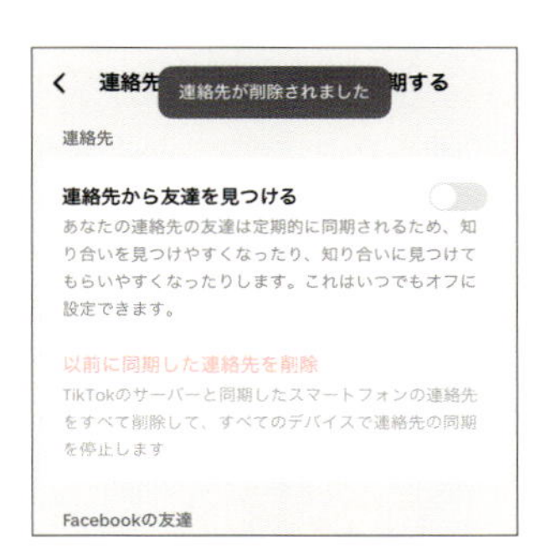

おすすめ表示をオフにする

1 P.169手順①の画面で［あなたのアカウントをおすすめ表示］（Androidでは、［あなたのアカウントのおすすめ表示］）をタップします。

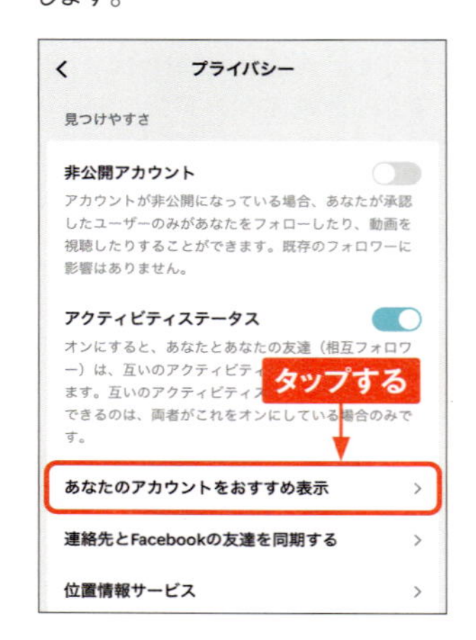

2 「連絡先」「Facebookの友達」「リンクを開いた、あるいはあなたにリンクを送ったユーザー」のをタップします。

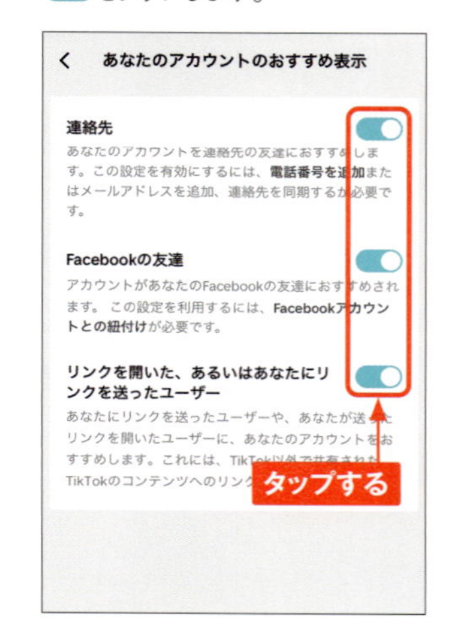

3 あなたのアカウントがほかのユーザーにおすすめ表示されなくなりました。

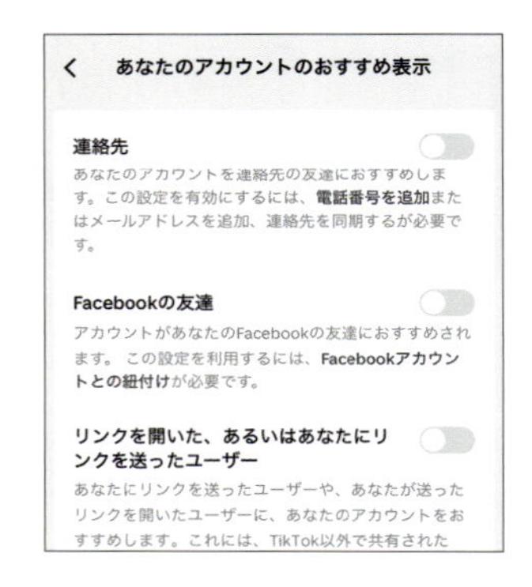

Memo あなたのアカウントをおすすめ表示

「連絡先」をオンにし、TikTokアカウントに電話番号を追加していると、ほかのユーザーが同期した連絡先にあなたの電話番号が登録されている場合に、あなたのアカウントがおすすめ表示されます。「リンクを開いた、あるいはあなたにリンクを送ったユーザー」がオンだと、動画をほかのSNSにシェアした際に（P.47参照）、リンクを開いたユーザーにあなたのアカウントがおすすめ表示されます。なお、Facebookアカウントとの同期を行い、「Facebookの友達」をオンにすると、Facebookの友達にあなたのアカウントがおすすめ表示されます。

位置情報を共有しないようにしよう

TikTokでは、収集した位置情報のデータを利用して、ユーザーの所在地で人気のある動画をおすすめ表示したり、関連の高い広告を表示したりします。位置情報の利用を止めたい場合は、設定でオフにすることが可能です。

位置情報サービスをオフにする

1 「設定とプライバシー」画面で、［プライバシー］をタップし、［位置情報サービス］をタップします。

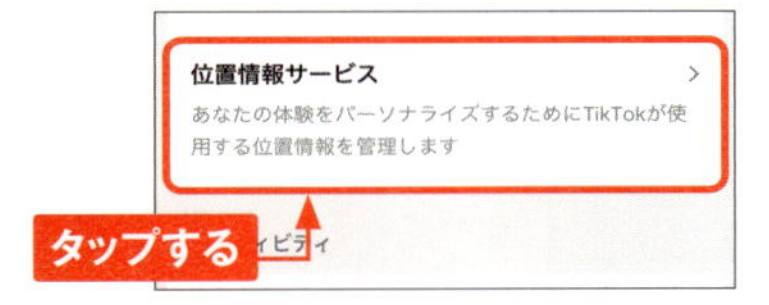

2 ［「デバイスの設定」を開く］をタップします。

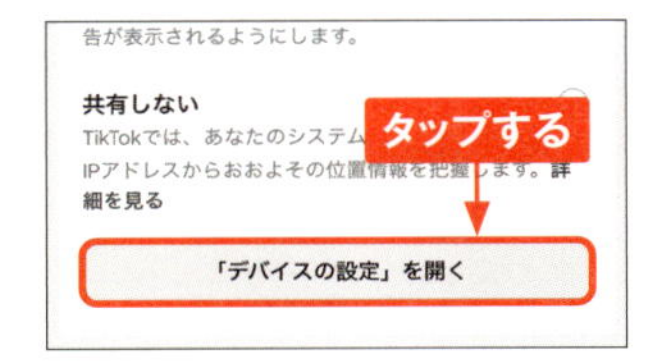

3 ［位置情報］（Androidでは、［権限］→［位置情報］）をタップします。

4 ［しない］（Androidでは、［許可しない］）をタップします。「TikTok」アプリに戻ります。

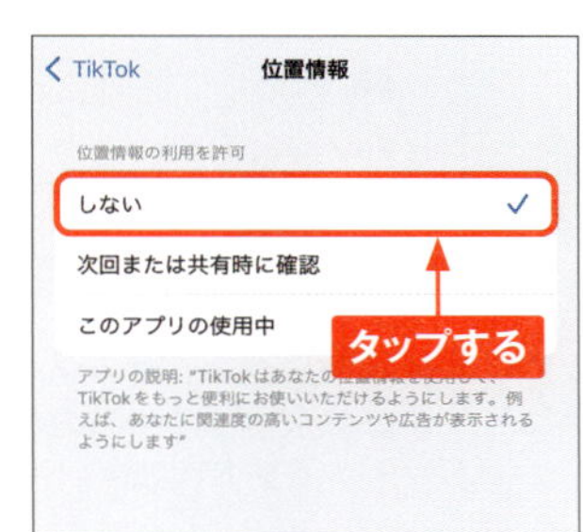

5 手順②の画面で［特定の位置情報のデータを削除する］→［削除］の順にタップして、TikTokに保存されている位置情報データを削除します。

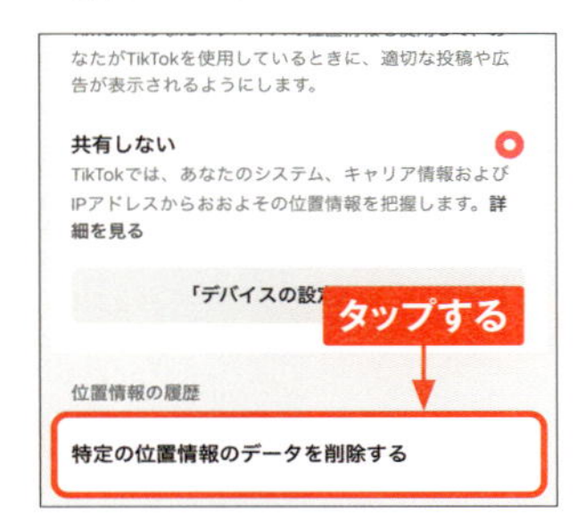

見たくない動画がおすすめされないようにしよう

特定のキーワードが含まれる動画が、「レコメンド」タブに表示されないように設定しましょう。動画の詳細やステッカーにそのキーワードが使われていると、「おすすめ」フィードに動画が流れてこないようになります。

フィルターするキーワードを登録する

1 「設定とプライバシー」画面で、[コンテンツ設定] をタップします。

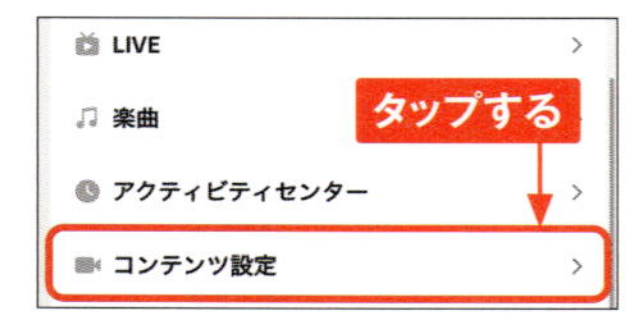

2 [動画キーワードのフィルター]（Androidでは、[フィルターキーワード]）をタップします。

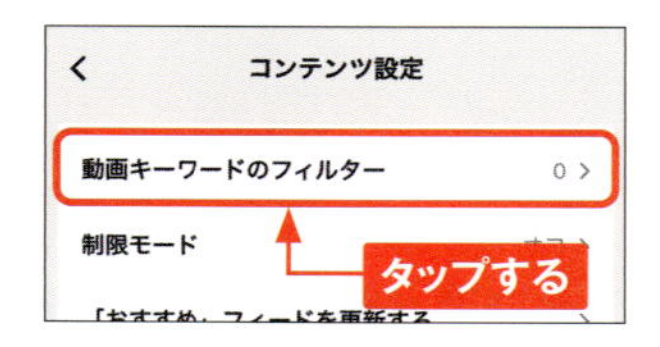

3 [キーワードを追加] をタップします。

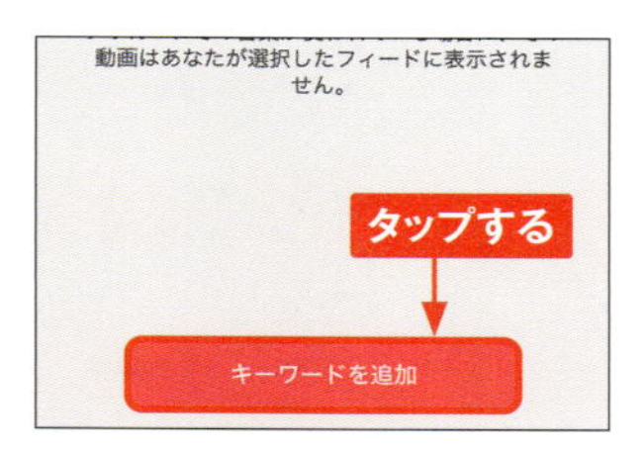

4 フィルターしたいキーワードを入力し、「フィルター元」で「おすすめ」「フォロー中」「友達」の□をタップして、[保存] をタップします。

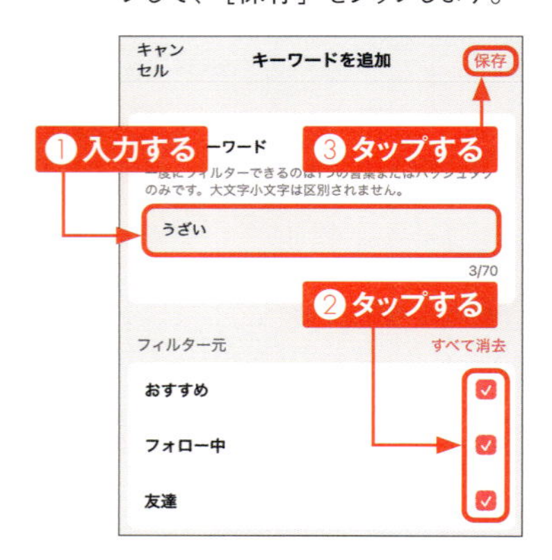

5 キーワードが登録されました。

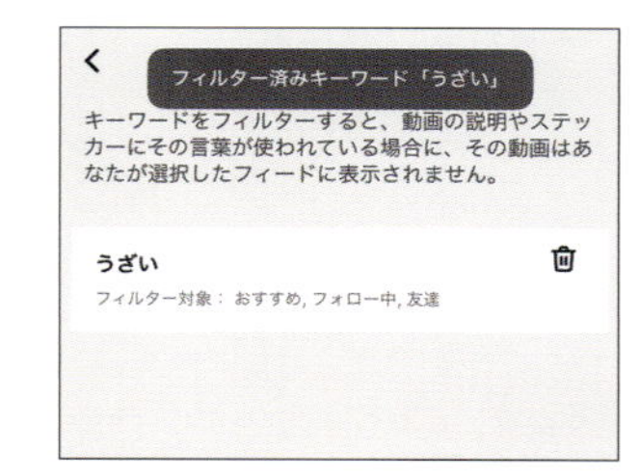

1日の視聴時間を制限してTikTok を楽しもう

TikTokについ夢中になってしまうと、何時間でも動画を見続けてしまう可能性があります。「1日の視聴時間」を設定すると、視聴時間の上限に達した時点で通知が届くので、1日のTikTok利用時間を管理することができます。

1日の視聴時間を設定する

1 「設定とプライバシー」画面で、[視聴時間]をタップします。

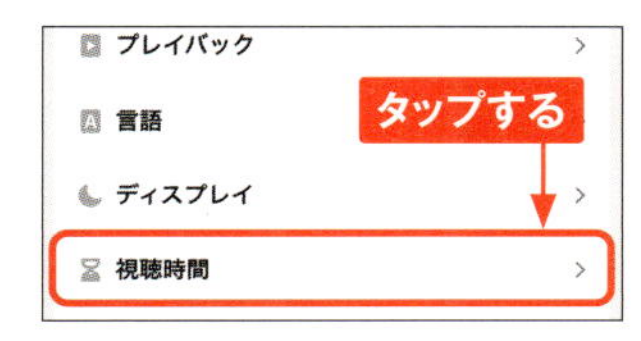

2 [1日の視聴時間]をタップします。

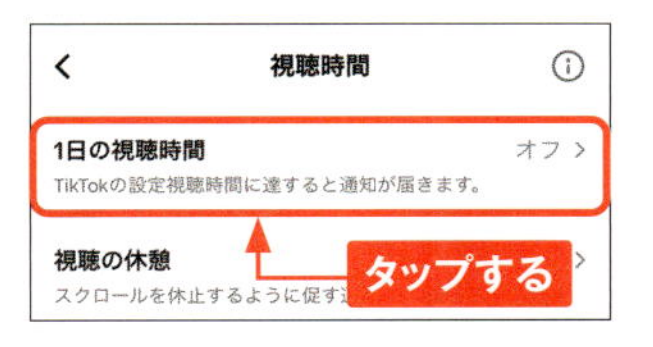

3 [1日の視聴時間を設定]をタップします。

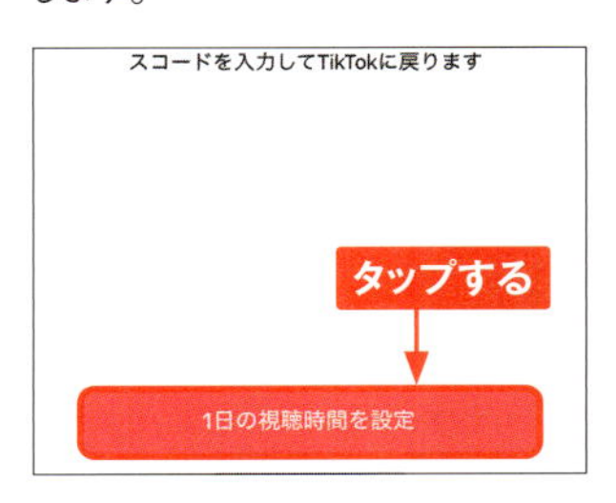

4 [毎日同じ制限を設定する]をタップし、[時間]をタップして任意の視聴時間(ここでは、[1時間])を選択します。「1日あたりの制限をカスタム設定する」では、曜日ごとに視聴時間を設定できます。[次へ]をタップします。

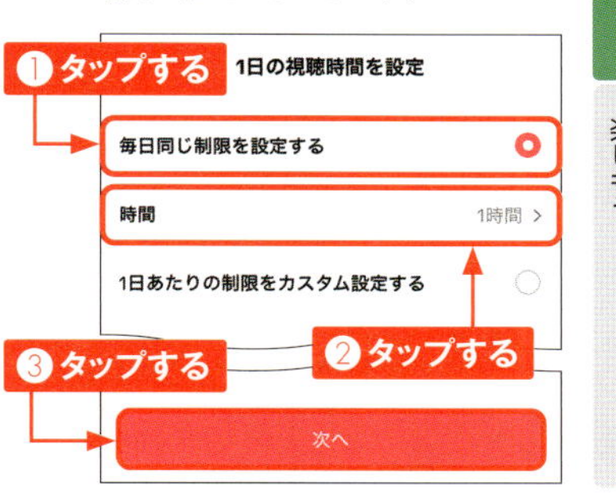

5 1日の視聴時間が設定されました。

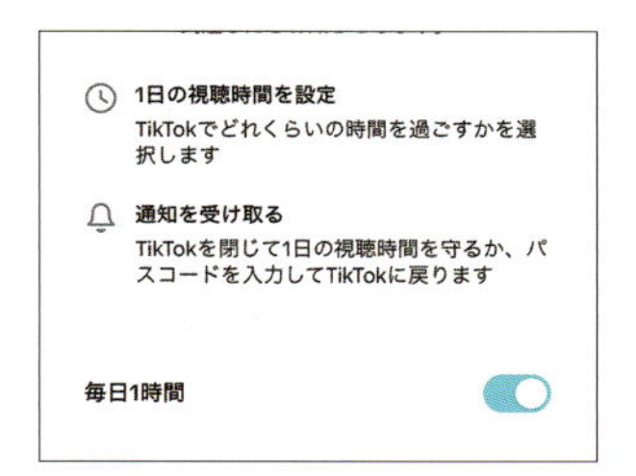

通信量を抑えて TikTokを楽しもう

Wi-Fiの利用ができない場合、TikTokではモバイルデータ通信を利用します。動画データはテキストや画像に比べると大きいので、通信量が不足してしまうこともあります。通信量を抑えたり、オフライン動画を視聴したりして動画を楽しみましょう。

データセーバーを設定する

1 「設定とプライバシー」画面で、[データセーバー]をタップします。

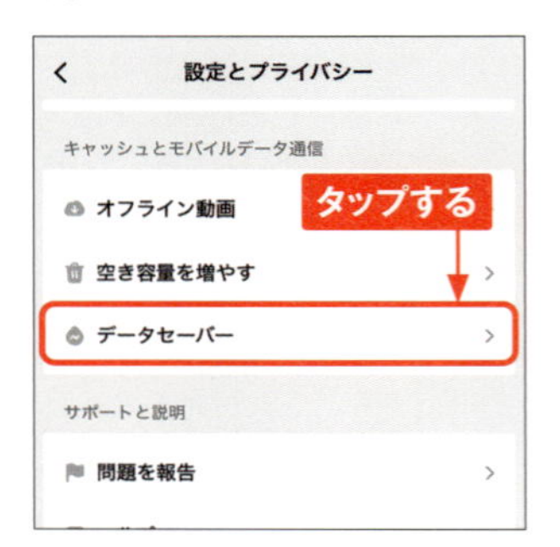

2 「データセーバー」のをタップします。

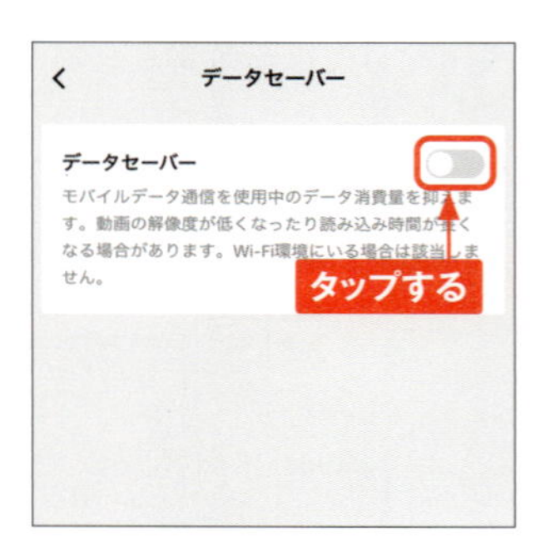

3 データセーバーがオンになりました。

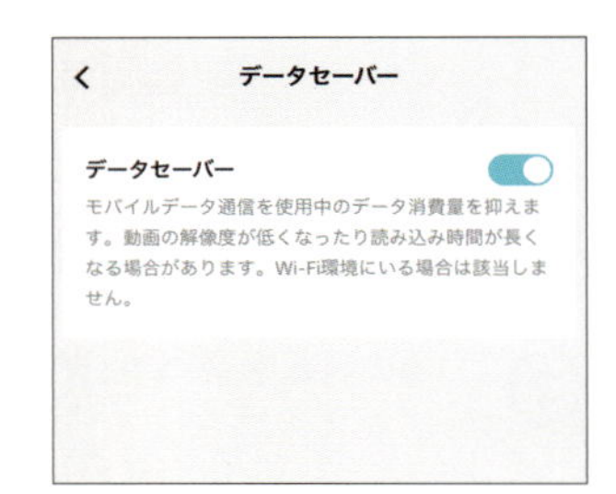

Memo オフライン動画

手順①の画面で[オフライン動画]をタップすると、動画をダウンロードしてオフラインで視聴を楽しむことができます。動画のダウンロード本数は、視聴時間にあわせて50本〜200本を選択できます。Wi-Fi環境であらかじめ動画をダウンロードしておけば、通信できない環境でも動画視聴を楽しめます。

Section 96

迷惑なユーザーをブロックしよう

フォロワーの中に自分の投稿を見せたくないユーザーや、コメントやダイレクトメッセージを送ってほしくないユーザーがいる場合は、そのユーザーをブロックします。あなたがブロックしたことは、相手に通知されません。

ユーザーをブロックする

1 ブロックしたいユーザーのプロフィール画面で、→［ブロック］の順にタップします。

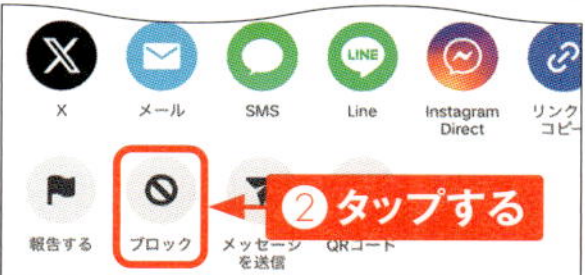

2 ［ブロック］をタップします。

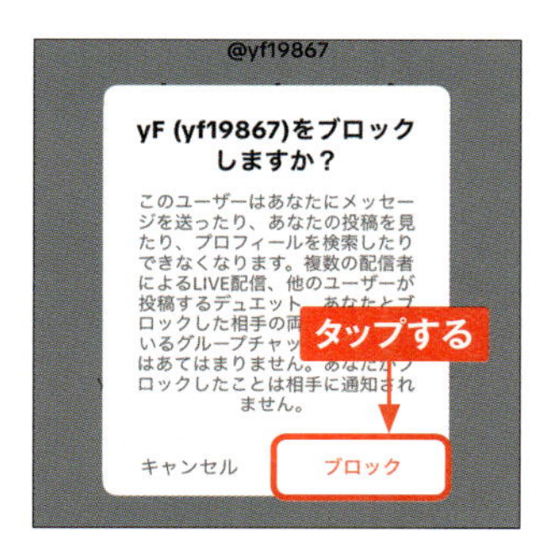

3 ユーザーのブロックが完了しました。

Memo ブロックを解除

ブロックしたユーザーのプロフィール画面を表示し、［ブロックを解除］をタップすると、ユーザーのブロックを解除できます。また、「設定とプライバシー」画面で、［プライバシー］→［ブロック済みのアカウント］の順にタップし、ブロックを解除したいアカウントの［ブロックを解除］をタップすることでも、同様の操作が可能です。

アカウントを削除しよう

何らかの事情でアカウントを削除したい場合は、アカウント削除の手続きを行います。手続きから30日後にアカウントが完全に削除されるため、万が一アカウントを復活させたい場合は、それまでにTikTokにログインします。

アカウントを削除する

① 「設定とプライバシー」画面で、[アカウント]をタップします。

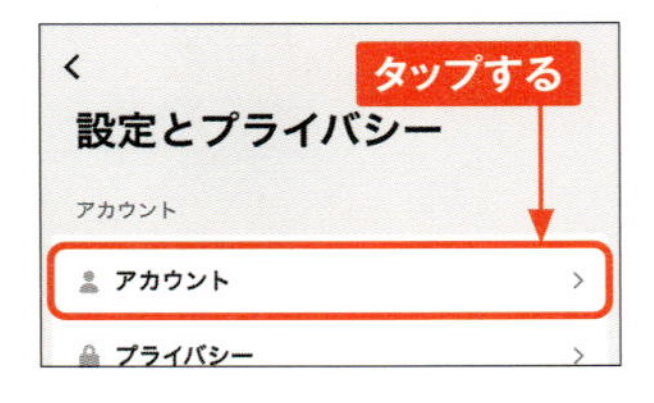

② [アカウントを利用停止にするか削除する]をタップします。

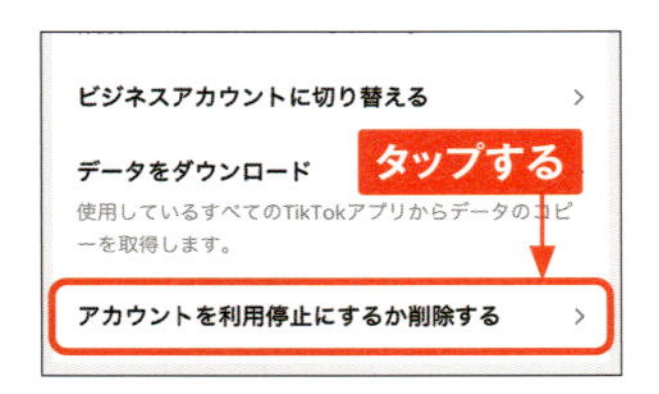

③ [アカウントを完全に削除]をタップします。

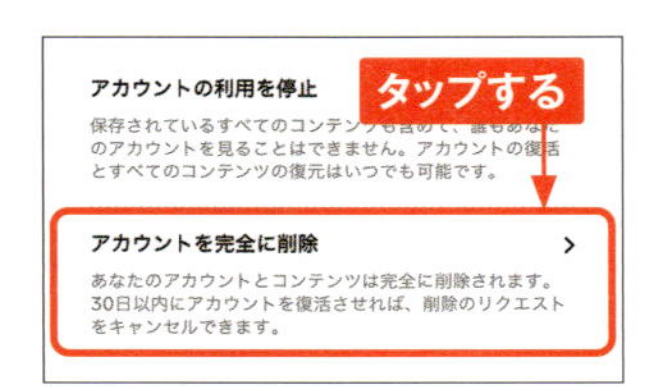

④ 画面の指示に従って退会理由などを選択し、各画面で[続ける]をタップします。

⑤ パスワードを入力し、[アカウントを削除]→[削除]の順にタップします。

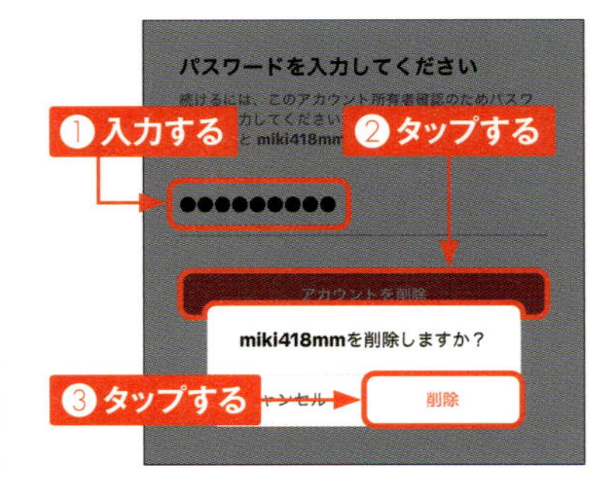

第8章

TikTokをパソコンで楽しもう

Section 98

パソコンで TikTok にログインしよう

Webブラウザーで視聴できるPC版TikTokを利用すれば、パソコンでTikTokが楽しめます。スマートフォンアプリ版と同じアカウントでログインして、おすすめ動画を大きな画面で視聴しましょう。

パソコンでTikTokにログインする

1 WebブラウザーでTikTok（https://www.tiktok.com/ja-JP/）にアクセスし、［ログイン］をクリックします。

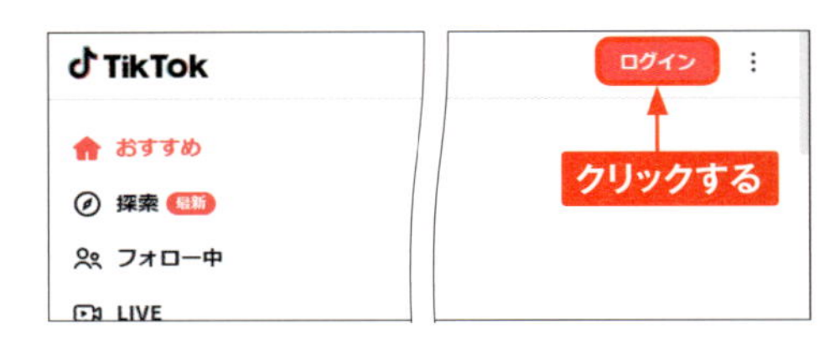

2 手元にスマートフォンがある場合は、QRコードを使ったログインがかんたんです。［QRコードを使う］をクリックします。

Memo メールアドレスでログインする

手元にスマートフォンがない場合は、メールアドレスやユーザー名でログインします。手順②の画面で［電話番号／メール／ユーザー名を使う］をクリックし、［メールアドレスまたはユーザー名でログイン］をクリックして、メールアドレスまたはユーザー名とパスワードを入力したら、［ログイン］をクリックしてログインができます。

3 表示されるQRコードをスマートフォンで読み取ります。

4 スマートフォンにPC版TikTokのログイン確認画面が表示されます。[確認]をタップします。

5 パソコンでのログインが完了し、「おすすめ」画面の動画が表示されます。

第8章 TikTokをパソコンで楽しもう

パソコンで TikTok の動画を視聴しよう

PC版TikTokでは、画面左側のメニューで「おすすめ」「探索」「フォロー中」「LIVE」などの画面を切り替えることができます。ここでは、再生中の動画の操作方法と画面の見方を解説します。

パソコンでTikTokの動画を視聴する

1 動画の中央付近をクリックすると、動画が停止し、再度クリックすると再生されます。

2 動画上で下方向にスクロール（Shift＋Space）すると、次の動画に切り替わります。

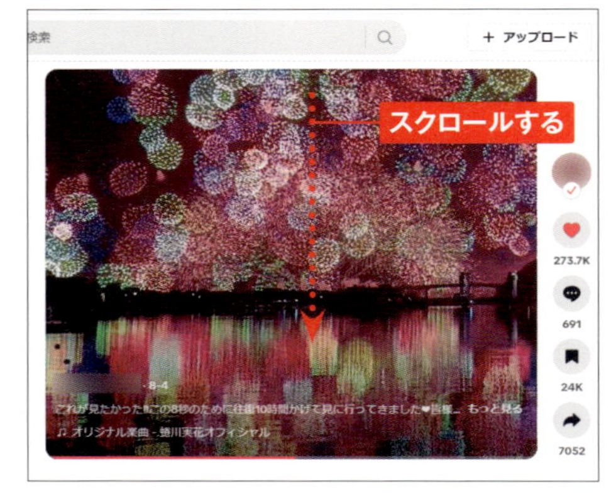

PC版TikTokの画面の見方

●「おすすめ」画面／「フォロー中」画面

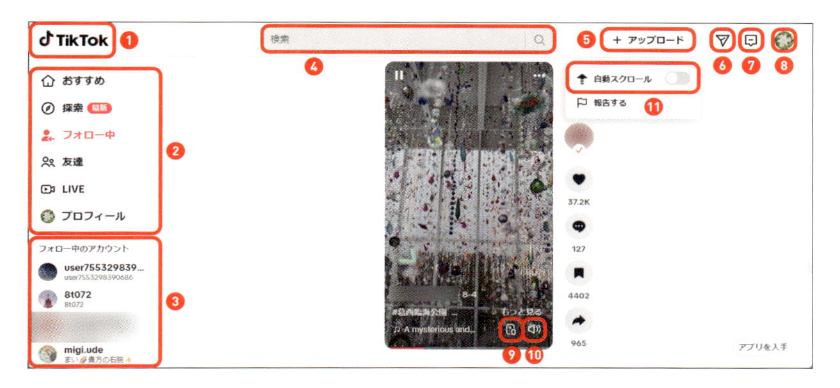

●動画の再生画面（コメント画面）

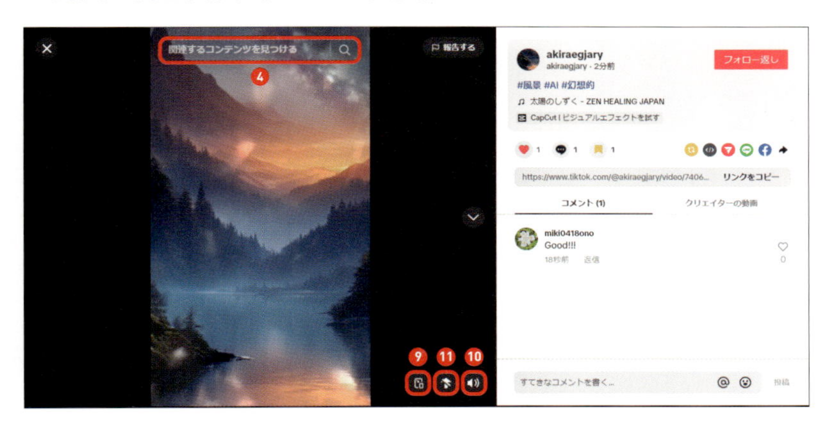

❶	「おすすめ」画面を表示できます。
❷	画面の切り替えができます。
❸	フォロー中のアカウントを表示できます。
❹	動画を検索できます。
❺	動画をアップロードできます。
❻	ダイレクトメッセージを送れます。

❼	通知メッセージが表示されます。
❽	設定などが表示されます。
❾	Floating Playerをオンにできます。
❿	音量を調整できます。
⓫	自動スクロール（動画終了時に自動で次の動画に切り替える機能）のオン／オフを切り替えられます。

Section 100

パソコンで「いいね」やコメントを付けよう

気に入った動画に「いいね」やコメントを付けましょう。PC版TikTokでは、「おすすめ」画面などからコメントを投稿する際に、一度画面が切り替わりますが、その画面からも「いいね」などができます。

パソコンで「いいね」やコメントを付ける

1 動画の右側にある♥をクリックすると、アイコンに色が付き、「いいね」が付きます。再度アイコンをクリックすると、「いいね」が解除されます。

2 動画の右側にある💬をクリックします。

3 動画の再生画面（コメント画面）に切り替わります。コメントを入力し、[投稿]をクリックするとコメントが投稿されます。

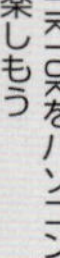

パソコンで動画をセーブしよう

見返したい動画があれば、セーブしておきましょう。PC版TikTokでセーブした動画をスマートフォンアプリ版からも見られるので、いつでもお気に入りの動画を楽しむことができます。

パソコンで動画をセーブする

1 動画の右側にある■をクリックします。

2 アイコンに色が付き、動画がセーブされます。

パソコンで動画をシェアしよう

PC版TikTokで動画をシェアすると、パソコンのメールを活用することなどが可能です。SNSでシェアする場合は、各SNSのWebブラウザー版が起動するので、ログインできるように準備しておきましょう。

パソコンで動画をシェアする

1. 動画の右側にある➡にマウスポインターを合わせます。シェアする先が表示されない場合は、⌄をクリックします。

2. シェアする先をクリックします。

Memo 再生画面（コメント画面）から動画をシェアする

動画の再生画面（コメント画面）には、動画の右側にシェア先のアイコンが表示されており、クリックで動画をシェアできます。シェア先のアイコンがない場合は、➡にマウスポインターをあわせると表示されます。

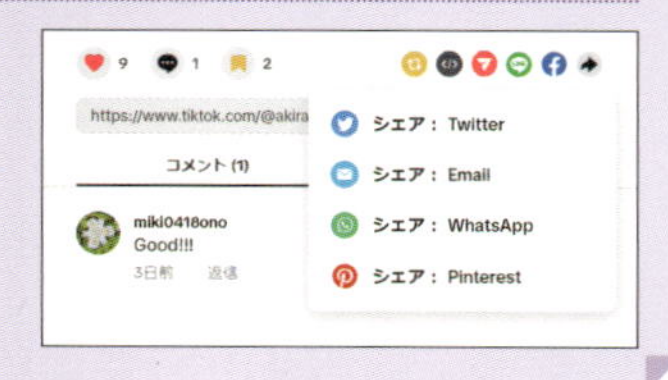

パソコンから ダイレクトメッセージを送ろう

PC版TikTokでも友達とダイレクトメッセージのやり取りができます。まだのやり取りをしたことのない相手にはじめてダイレクトメッセージを送る場合は、相手のプロフィールから［メッセージ］をクリックします。

パソコンからダイレクトメッセージを送る

1 画面右上の▽をクリックします。

2 ダイレクトメッセージを送る相手をクリックし、メッセージを入力して、▼をクリックします。

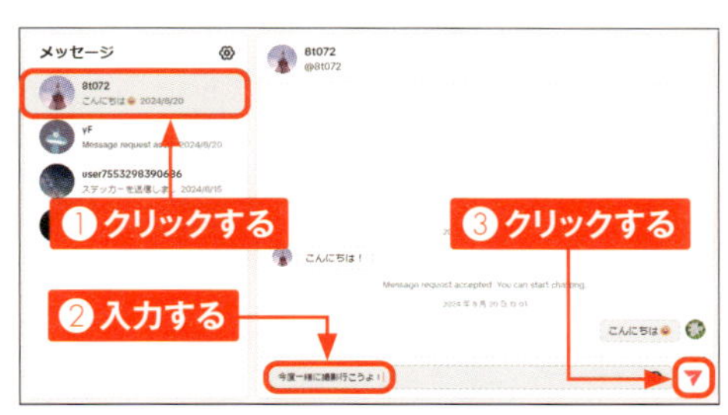

3 ダイレクトメッセージが送信されます。

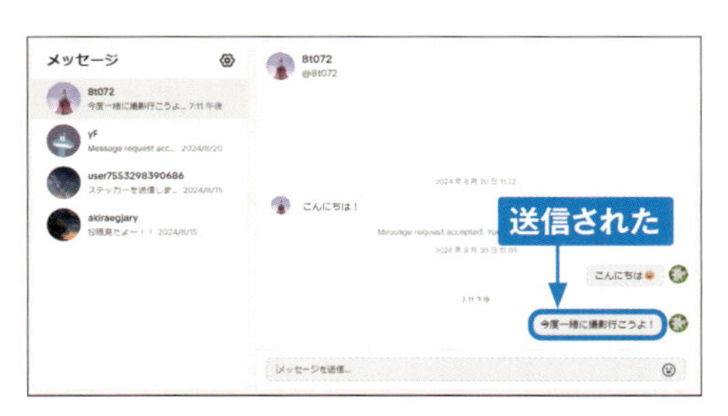

パソコンから動画を投稿しよう

パソコンからTikTokに動画を投稿する場合は、TikTok Studioを経由します。TikTok Studioでもかんたんな動画編集ができますが、スマートフォンアプリ版ほどの機能はありません。動画編集ソフトなどであらかじめ編集しておくとよいでしょう。

パソコンから動画を投稿する

1 画面右上の[アップロード]をクリックします。

2 TikTok Studioの「アップロード」画面が表示されます。[動画を選択]をクリックします。

3 アップロードする動画をクリックして選択し、[開く]をクリックします。

④ アップロードが完了すると、右の画面が表示されます。説明を入力したり、カバーを編集したりします。動画を編集するには、[動画を編集]をクリックします。

⑤ 使用したい楽曲にマウスポインターを合わせ、[使う]をクリックします。

⑥ 下方向にスクロールすると、動画の分割やカット編集ができます。[編集を保存]をクリックします。

⑦ [投稿]をクリックします。動画のアップロードが完了したら、[投稿を管理]をクリックし、[TikTokに戻る]をクリックしてTikTokに戻ります。

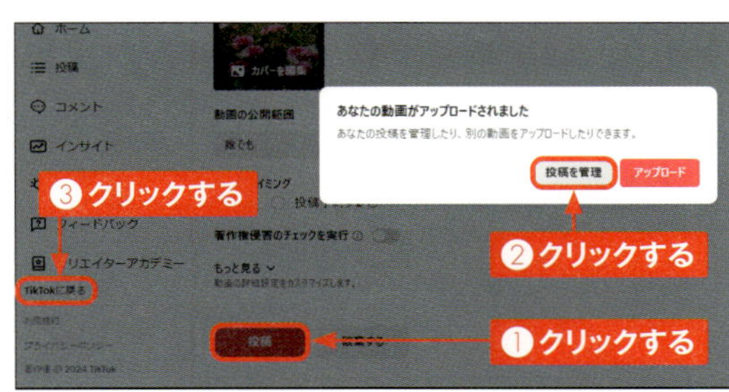

第8章 TikTokをパソコンで楽しもう

パソコンで動画を予約投稿しよう

PC版TikTok限定の機能として、予約投稿があります。動画を今すぐに投稿するのではなく、指定した日時になったら自動で投稿してくれます。視聴者の多い時間帯を狙って投稿したいときなどに活用しましょう。

パソコンで動画を予約投稿する

1 P.187手順④の画面で[投稿予約する]をクリックします。

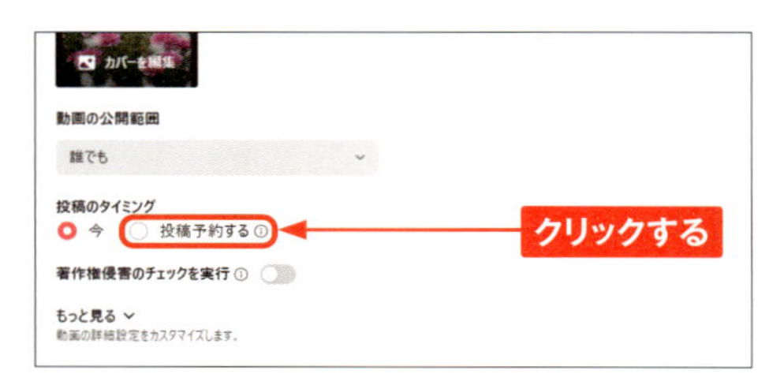

2 [許可する]をクリックします。

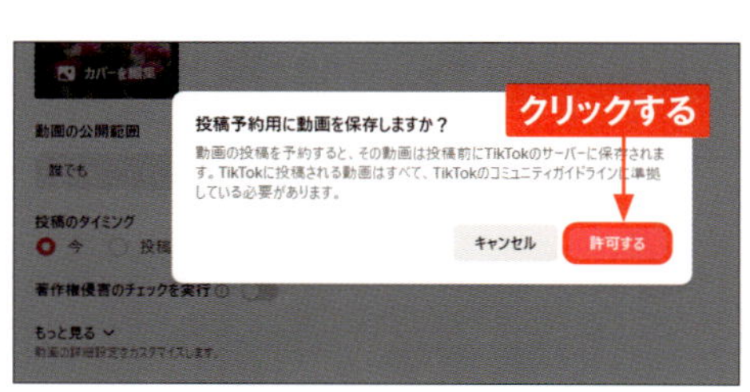

3 投稿日時を設定し、[投稿予約する]をクリックします。

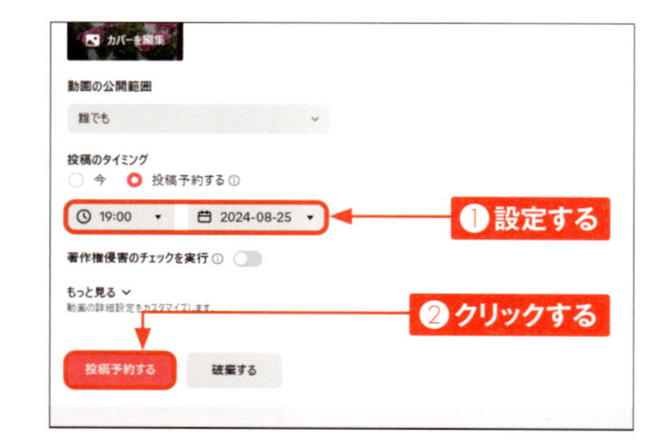

パソコンで「プロフィール」画面を確認しよう

スマートフォンアプリ版のTikTokと同様に、PC版TikTokの「プロフィール」画面からもプロフィールの編集や「いいね」を付けた動画の確認、セーブした動画の確認などが行えます。

パソコンで「プロフィール」画面を確認する

1 画面左のメニューから［プロフィール］をクリックします。

2 「プロフィール」画面が表示されます。

索引

な・は行

ま行

や・ら行

お問い合わせについて

本書に関するご質問については、本書に記載されている内容に関するもののみとさせていただきます。本書の内容と関係のないご質問につきましては、一切お答えできませんので、あらかじめご了承ください。また、電話でのご質問は受け付けておりませんので、必ずFAX か書面にて下記までお送りください。
なお、ご質問の際には、必ず以下の項目を明記していただきますようお願いいたします。

1 お名前
2 返信先の住所または FAX 番号
3 書名
（ゼロからはじめる　TikTok 基本＆便利技）
4 本書の該当ページ
5 ご使用のソフトウェアのバージョン
6 ご質問内容

なお、お送りいただいたご質問には、できる限り迅速にお答えできるよう努力いたしておりますが、場合によってはお答えするまでに時間がかかることがあります。また、回答の期日をご指定なさっても、ご希望にお応えできるとは限りません。あらかじめご了承くださいますよう、お願いいたします。ご質問の際に記載いただきました個人情報は、回答後速やかに破棄させていただきます。

■ お問い合わせの例

FAX

1 お名前
技術　太郎
2 返信先の住所または FAX 番号
03-XXXX-XXXX
3 書名
ゼロからはじめる TikTok
基本＆便利技
4 本書の該当ページ
40ページ
5 ご使用のソフトウェアのバージョン
iPhone 15（iOS 17.6.1）
6 ご質問内容
手順3の画面が表示されない

お問い合わせ先

〒 162-0846
東京都新宿区市谷左内町 21-13
株式会社技術評論社　書籍編集部
「ゼロからはじめる　TikTok 基本＆便利技」質問係
FAX 番号　03-3513-6183
URL：https://book.gihyo.jp/116

ゼロからはじめる TikTok 基本＆便利技

2024年11月26日　初　版　第1刷発行

監修……三上麻依
著者……リンクアップ、三上麻依
発行者……片岡　巌
発行所……株式会社　技術評論社
東京都新宿区市谷左内町 21-13
電話……03-3513-6150　販売促進部
03-3513-6166　書籍編集部
編集……宮崎主哉
装丁……菊池　祐（ライラック）
本文デザイン・DTP……リンクアップ
製本／印刷……昭和情報プロセス株式会社

定価はカバーに表示してあります。

落丁・乱丁がございましたら、弊社販売促進部までお送りください。交換いたします。
本書の一部または全部を著作権法の定める範囲を超え、無断で複写、複製、転載、テープ化、ファイルに落とすことを禁じます。

© 2024 技術評論社

ISBN978-4-297-14504-0 C3055

Printed in Japan